FAO中文出版计划项目丛书

欧洲及中亚地区十八个国家的数字农业现状

联合国粮食及农业组织　　国际电信联盟　　编著

韩　潇　陈俞全　黄晓慧 等　译

U0246046

中国农业出版社
联合国粮食及农业组织
国际电信联盟
2023·北京

引用格式要求：

粮农组织、国际电联。2020 年。《欧洲及中亚地区十八个国家的数字农业现状》。中国北京，中国农业出版社。https：//doi.org/10.4060/ca9578zh

本信息产品中使用的名称和介绍的材料，并不意味着联合国粮食及农业组织（粮农组织）和国际电信联盟（国际电联）对任何国家、领地、城市、地区或其当局的法律或发展状况，或对其国界或边界的划分表示任何意见。提及具体的公司或厂商产品，无论是否含有专利，并不意味着这些公司或产品得到粮农组织和国际电联的认可或推荐，优于未提及的其他类似公司或产品。

本信息产品中陈述的观点是作者的观点，不一定反映粮农组织和国际电联的观点或政策。

ISBN 978-92-5-138296-7（粮农组织）
ISBN 978-92-61-31131-5（国际电联）
ISBN 978-7-109-31554-9（中国农业出版社）

FAO中文出版计划项目丛书

指导委员会

主　任　隋鹏飞
副主任　倪洪兴　彭廷军　顾卫兵　童玉娥
　　　　李　波　苑　荣　刘爱芳
委　员　徐　明　王　静　曹海军　董茉莉
　　　　郭　粟　傅永东

ACKNOWLEDGEMENTS ┃致　谢┃

　　本书由 Mihaly Csoto 和 Laszlo Gabor Papocsi 为国际电信联盟（国际电联，ITU）和联合国粮食及农业组织（粮农组织，FAO）编写，得到了国际电联欧洲区域代表处（Jaroslaw Ponder 和 Lena Lattion）和独立国家联合体（独联体，CIS）区域代表处（Farid Nakhli）的支持和指导，并与粮农组织欧洲及中亚区域办事处（Sophie Treinen 和 Valentin Nagy）合作编写。

　　国际电联和粮农组织衷心感谢 18 个有关国家（阿尔巴尼亚、亚美尼亚、阿塞拜疆、白俄罗斯、波黑、格鲁吉亚、哈萨克斯坦、吉尔吉斯斯坦、摩尔多瓦、黑山、北马其顿、俄罗斯、塞尔维亚、塔吉克斯坦、土耳其、土库曼斯坦、乌克兰和乌兹别克斯坦）的代表向国际电联专家提供的支持和帮助，以及粮农组织国家办事处、各国农业部协调中心和粮农组织欧洲及中亚区域办事处的专家的大力支持。*

---

　　* 请注意，就本书而言，欧洲及中亚一词包含下列国家：阿尔巴尼亚、安道尔、亚美尼亚、奥地利、阿塞拜疆、白俄罗斯、比利时、波黑、保加利亚、克罗地亚、塞浦路斯、捷克、丹麦、爱沙尼亚、芬兰、法国、格鲁吉亚、德国、希腊、匈牙利、冰岛、爱尔兰、以色列、意大利、哈萨克斯坦、吉尔吉斯斯坦、拉脱维亚、列支敦士登、立陶宛、卢森堡、马耳他、摩尔多瓦、摩纳哥、黑山、荷兰、北马其顿、挪威、波兰、葡萄牙、罗马尼亚、俄罗斯、圣马力诺、塞尔维亚、斯洛伐克、斯洛文尼亚、西班牙、瑞典、瑞士、塔吉克斯坦、土耳其、土库曼斯坦、乌克兰、英国、乌兹别克斯坦和梵蒂冈。

前言一 FOREWORD ONE

2020 年是联合国宣布实现《2030 年可持续发展议程》所列目标"十年行动"的起始年。在日益数字化的世界中，信息和通信技术（ICTs）这一发展引擎发挥着关键作用，可以提高各国实现所有 17 项可持续发展目标（SDGs）的能力。

在新冠疫情深刻影响众多人口和经济之后，毫无疑问，加快实现可持续发展目标的进程意味着加快将数字技术扩展覆盖到仍完全与网络世界隔绝的 36 亿人口的进程。

数字是我们建立社会和经济韧性的基础。我们从未面临过如此紧迫的情况，全球重新认识到数字基础设施、服务和技能的重要性，为我们提供了许多前所未有的机会，使我们能够取得真正和快速的进展。

多年来，欧洲和独立国家联合体（独联体）取得了重大进展，成了宽带链接下的领导者。然而，要弥合各国之间的连通性、负担能力和数字技能的差距，还有很多工作要做。政策和监管框架对欧洲和独联体数字化发展的影响是积极的。在欧洲，数字化增长 10% 就能使人均国内生产总值（GDP）增长 1.4%。在独联体区域，固定宽带普及率增加 10%，人均国内生产总值将增加 0.63%。

尽管欧洲在数字农业发展方面处于领先地位，但欧洲许多地区的数字农业部门仍面临投资不足的问题。随着农业变得越来越知识密集，获得针对特定地点和条件的及时、准确的信息对于帮助农民提高农业生产效率至关重要。数字农业的核心是为农村地区和农业部门设计、开发和应用信息和通信技术的创新方法。

许多利益相关者早就认识到需要制定国家数字农业（也称为农业数字化）战略。然而，大多数国家尚未通过或实施农业部门使用信息和通信技术的国家战略。数字农业战略将有助于整合财政和人力资源，全面地解决农业部门使用信息和通信技术的挑战，创造新的收入来源，改善农村社区的人民生活。

本书提供了一项为期一年的研究结果，是由国际电信联盟和联合国粮食及农业组织联合开展的，涉及与欧洲和独联体数字农业当下政策和实践有关的广泛问题。本书还介绍了各国不断努力制定和实施数字农业战略的经验。

我想感谢参加这一工作的 18 个国家的所有行政部门，并赞扬欧洲和独联体区域提交的报告。这是我们在国际电联的欧洲和独联体区域倡议下开展工作的重要成果，该倡议旨在"以公民为中心，为国家行政部门提供服务"，以及"改善创新解决方案和促进伙伴关系，在包括 4G、IMT－2020 和下一代网络的电信网络中实施物联网技术，推动二者相互作用，促进可持续发展"。

本书是落实信息社会世界峰会（WSIS）《行动计划》的一个重要里程碑，尤其是在 WSIS 行动线 C7 信息和通信技术应用的数字农业方面。这是对实现可持续发展目标，特别是对可持续发展目标 2 和目标 9 的重要贡献。

电信发展局继续致力于与粮农组织共同开发相关工具和机制，以加强区域和国家一级的合作，并实施旨在增强信息和通信技术在农业中作用的行动。我们需要共同努力，为未来的公民带去数字化世界的好处，同时应对好线上和线下世界融合的新生态系统风险。

Doreen Bogdan－Martin

电信发展局主任

前言二 FOREWORD TWO

　　数字技术正在迅速改变居民、企业和政府的工作方式，影响整个食物体系，影响该系统的每一个参与者，并通过降低信息、交易和监管成本，为农业带来巨大利益。虽然数字技术可以为实现《2030年可持续发展议程》，包括其可持续发展目标作出重大贡献，但数字技术也引发了经济、社会和伦理问题，特别是在隐私和安全方面，也可能对商业、就业和市场产生破坏性影响。即使这些担忧在所有经济部门都很普遍，但数字技术对食物和农业部门的变革性影响尤其深远。

　　欧洲和中亚地区的农业和农村发展必须克服向可持续食物体系和营养导向型价值链转型的各种挑战。这些挑战包括：营养不良的三重负担（超重、肥胖和微量营养素缺乏）；气候变化的适应问题；食物损失和浪费的增加；农村地区分化和城市化，包括年轻人外流；小规模农业占主导地位；西巴尔干和高加索地区农民的老龄化问题。

　　新冠疫情威胁着粮食安全和营养摄入。从长远角度来看，其经济后果可能对食物体系的运转产生影响，对环境和社会也会造成破坏。我们需要运用短期和长期措施，支持食物体系向更可持续过渡，使其与自然保持更好的平衡，并支持健康的饮食，从而改善所有人的健康状况。从农场到餐桌的可持续营养导向型农业价值链要求所有利益相关者平等获得信息和通信技术。然而，在欧洲和中亚，小型农场对新技术的采用滞后。造成农村数字化鸿沟的原因往往与信息服务接入的可用性和质量、连接成本、可被激活的适当且具备适应性的内容有关。解决办法在于提高参与性，让使用传统方式和新技术的所有相关者建立伙伴关系。

　　新冠疫情为人们敲响了警钟，并加快了数字技术的使用以保持工作和联系。它还揭示了那些有机会（使用数字技术）和没有机会（使用数字技术）的人之间持续存在的分歧。数字技术的红利不是自动产生的，也不是每个人都能平等受益的。因此，迫切需要在政策层面采取行动，最大化收益并最小化潜在风险，确保政府致力于推广新的解决方案，并为创新、支持系统建立和能力发展创造一个结构化的有利环境，这与信息和通信技术在农业领域的产生和发展变化有关。根据《2030年可持续发展议程》的核心原则，欧洲和中亚地区国家政府应采取措施，不让任何人掉队，消除数字鸿沟、农村鸿沟和性别鸿沟"三重鸿沟"。正如联合国秘书长在《数字化合作路线图》中所述，在数字时代，我们比以往任何时候都更需要联系、尊重和保护人们。农业、林业、渔业部门以及边远地区的农村人群更不能掉队。

可持续地解决农业数字化转型问题需要协调。为响应2020年全球食物和农业论坛（GFFA）的号召，有人提出由粮农组织主办一个国际数字粮食和农业平台，该平台将：①促进国际农业论坛与数字经济论坛之间的协调和联系，以提高国际社会对食品和农业部门数字化具体问题的认识；②向各国政府提供政策建议、最佳做法和自愿准则，以改善数字技术应用于农业的效益，同时解决潜在的经济、社会和伦理的影响和担忧。

我要感谢粮农组织在该区域所有参与研究的国家办事处和联络点。粮农组织和国际电联倡导基于对农业部门现有信息和通信技术解决方案详细需求的评估，以及促进创新的机制，制定与农业和农村战略目标相关的参与式数字农业政策，由负责农业的部委发挥主导作用，同时让其他关键行为主体（包括私营部门、学术界和民间团体）参与进来。自2015年以来，粮农组织和国际电联携手协助各国制定国家数字农业战略和路线图。这种合作比以往任何时候都更有必要，并将继续合作下去。

Vladimir Rakhmanin

粮农组织助理总干事兼欧洲及中亚区域代表

缩略语 | ACRONYMS

3G/4G/5G	第三/四/五代移动通信技术
AI	人工智能
CAP	共同农业政策
CIS	独立国家联合体
DSM	数字单一市场
EBRD	欧洲复兴开发银行
ENPARD	欧洲农业和农村发展邻里计划
EU	欧洲联盟（欧盟）
FADN	农场会计数据网络
FAO	联合国粮食及农业组织（粮农组织）
GDP	国内生产总值
GIS	地理信息系统
GPS	全球定位系统
ICTs	信息和通信技术
IoT	物联网
IPA	加入前援助文书
ITU	国际电信联盟（国际电联）
IVF	国际维谢格拉德基金
LPIS	地块识别系统
LTE	长期演进技术
NGO	非政府组织
SDGs	可持续发展目标
UNDP	联合国开发计划署
WDI	世界发展指标
WTI	世界电信/信息和通信技术指标

数字农业有助于推动经济、环境和社会的可持续性发展，并能更有效地实现一个国家的农业目标。信息和通信技术以及农业都是实现可持续发展目标不可或缺的重要推动因素。

然而，尽管大多数利益相关者早已认识到制定国家数字农业战略的必要性，但本书所涉及的大多数国家尚未在农业部门确立和实施有关信息和通信技术的国家战略。

这份关于 18 个国家数字农业现状和战略的报告由国际电信联盟的欧洲区域代表处和独立国家联合体区域代表处，与联合国粮食及农业组织欧洲及中亚区域办事处合作编写。

人们清楚地看到，信息和通信技术在欧洲和中亚发挥着日益重要的作用，已成为农业发展的引擎，各行业从业者对可靠和易获取信息的需求不断增长。数字农业的发展状况因国家而异，在各个国家也因地区而异。信息和通信技术在农业中的应用催生了新一轮的创新浪潮，使数字农业战略成为各国寻找正确发展前进方向的良好手段。各国融入欧盟（EU）和欧亚经济联盟等区域经济组织的进程被认为是可以提高制度体系运行效率的，并激发许多政府以更大的兴趣和努力来制定国家数字农业战略。

在所研究的目标国家中，下列国家对制定国家数字农业战略采取了系统方法。

（1）阿尔巴尼亚：在粮农组织欧洲及中亚区域办事处的支持下，阿尔巴尼亚从 2019 年开始为其国家数字农业战略愿景奠定基础，这一进程在 2020 年继续推进。

（2）亚美尼亚：2018 年下半年，由欧盟资助的粮农组织欧洲农业和农村发展邻里计划（ENPARD）项目向亚美尼亚农业部提供了技术援助。通过与粮农组织的技术合作，亚美尼亚政府制定了国家数字农业战略愿景。此后，粮农组织在 2020 年继续支持其制定数字农业行动计划。

（3）摩尔多瓦：2014 年，摩尔多瓦决定制定国家数字农业战略。此次研究没有发现后续行动的相关信息，但数字农业概念已写入摩尔多瓦的《国家农业和农村发展战略（2014—2020）》和《政府技术现代化战略规划》。

（4）俄罗斯：在俄罗斯，主要利益相关者共同设立了数字农业项目，并于2018年提出了数字农业科技发展概念，其中包含了国家数字农业战略愿景。

（5）土耳其：在粮农组织的技术援助下，土耳其农林部已开始制定国家数字农业战略。项目启动研讨会于2019年11月在安卡拉举行，主要利益相关者参加了研讨会。2020年土耳其继续推进该战略的制定。

（6）吉尔吉斯斯坦：吉尔吉斯斯坦政府出台了关于实施数字转型的路线图《数字吉尔吉斯斯坦（2019—2023）》，为农业部门信息和通信技术发展制定了实施政策。《农业部门发展计划》涉及信息和通信技术，且包括2019—2022年的行动计划。2020年2月，吉尔吉斯斯坦正式接洽粮农组织，粮农组织为其制定国家数字农业战略草案提供技术支持。

（7）塔吉克斯坦和乌兹别克斯坦：2019年，两国都请求粮农组织提供援助，以制定各自的国家数字农业战略。

根据粮农组织和国际电联共同制定的《数字农业战略指南》中确定的国家数字农业战略的8个组成部分，可以得出进一步的结论（图0-1）。

图0-1　国家数字农业战略的8个组成部分
资料来源：粮农组织和国际电联《数字农业战略指南》。

领导和治理

尽管农业部门在国内生产总值（GDP）中所占的比重不断下降，但报告所涵盖的18个国家中的大多数都将农业发展列为高度优先事项。数字化解决方案几乎专为促进生产、提高资源使用效率和推动经济增长而设计。数字农业不仅在信息社会和数字经济的结合中发展，而且在几乎所有国家都是当前和未来农业和农村政策的基本要素。

战略和投资

过去几年被研究国家制定的几乎所有信息社会战略和数字议程都包含了数字农业的一些要素，许多战略和议程都为数字农业发展制定了具体计划。战略中所规定的雄心勃勃的目标能否实现，特别是能否在规定的期限内实现，是值得怀疑的。战略的实施产生了不一样的结果，战略的存在并不能保证实施的成功。某些情况下，具体措施的实施有国家专项资金资助，但私营部门也扮演了重要角色，特别是在将精准农业作为可行选择的国家。同时，国际捐助组织几乎支持了每个被研究国家，为其开发信息和通信技术相关服务（主要针对小农和家庭农场）提供了支持，这是私营部门无法单独完成的。

服务和应用程序

服务和应用程序发展最重要的趋势之一是政府对企业的服务（G2B）。这些服务是根据公共行政组织和私营企业之间的关系设立的、与农业政策实施相关的具有控制功能的系统。

此外，与精准农业相关的服务和应用程序在经济规模较大国家的公共和私营部门中发挥着关键作用。各种各样的移动应用程序也已经开发出来，智能手机成为该区域农民上网的主要手段。

基础设施和互操作性

一方面，有线基础设施通常不发达；另一方面，无线宽带（3G 和 LTE）在大多数农村地区都可用。在公共行政部门内部实现互操作性是许多国家的优先事项。互操作性还可以通过改善各类数据的可用性来进一步实现农业数字化。监测系统也至关重要，许多国家正在研发监测系统。与此同时，国家必须实施合理的数据收集新标准。

内容、知识管理和共享

一方面，由于数据库建设不断完善，被研究国家的农业信息内容和应用程序正不断增多；另一方面，知识管理和信息共享亟须发展，尤其是在小农之间。一些国家的农业咨询服务也需要进一步完善，农业推广服务预计将在帮助小农和家庭农场拥抱数字化方面发挥核心作用。

立法、政策和合规性

由于数字化解决方案不断变化，且其在监管方面是一个"移动的目标"，因此立法往往落后于正在采取的各种行动和措施。

劳动力和能力发展

在所研究国家中，几乎没有国家采取措施提高农民的数字素养，关于农民数字技能水平的数据几乎不存在。在这方面，中介机构（将农民与数字技术联系起来）及其培训的作用也很重要。

以下建议适用于旨在推动数字农业发展战略的国家和相关支持组织。

- 由于许多国家正在开发或升级其农业数据收集方法和系统，因此现在正是构建农业特定信息和通信技术指标的合适时机，包括按性别分列的数据和小农数据。
- 需要特别关注和帮助小农和家庭农场引入和掌握数字技术的战略方法。
- 农民应该是战略的核心——政府机构在与"最终用户"联系不密切的其他利益相关者开展合作的过程中，不应该"忘记"这一点。
- 通过涵盖区域网络和全球平台在内的在线实践社区，促进合作和知识共享。
- 在开发数字农业相关系统时，应制定协调和互操作性的横向规范，并将其作为职权范围、采购要求和服务合同等中的一般条件。
- 从源头重视对数字农业战略的实施、监测和评估。
- 借鉴其他行业和地区的经验教训。
- 为提供信息和通信技术服务的农业机构和项目建立区域数据库。

CONTENTS **目　录**

致谢 ……………………………………………………………… v

前言一 …………………………………………………………… vi

前言二 …………………………………………………………… viii

缩略语 …………………………………………………………… x

执行概要 ………………………………………………………… xi

1　导论 ………………………………………………………… 1

　1.1　信息和通信技术、农业与可持续发展目标 ……………… 1

　1.2　信息和通信技术与农业 …………………………………… 2

　1.3　欧盟对于创新及信息和通信技术的发展政策 …………… 4

　1.4　欧盟共同农业政策中的信息系统 ………………………… 5

　1.5　欧洲和中亚的共同倡议和组织 …………………………… 6

　1.6　方法论 ……………………………………………………… 8

2　国家概况 …………………………………………………… 9

　2.1　阿尔巴尼亚 ………………………………………………… 9

　　2.1.1　农业、劳动力、ICT 基础设施 ……………………… 9

　　2.1.2　战略、政策、立法 …………………………………… 10

　　2.1.3　服务、应用程序、知识共享 ………………………… 11

　2.2　亚美尼亚 …………………………………………………… 12

　　2.2.1　农业、劳动力、ICT 基础设施 ……………………… 12

　　2.2.2　战略、政策、立法 …………………………………… 13

　　2.2.3　服务、应用程序、知识共享 ………………………… 14

　2.3　阿塞拜疆 …………………………………………………… 15

　　2.3.1　农业、劳动力、ICT 基础设施 ……………………… 15

　　2.3.2　战略、政策、立法 …………………………………… 16

2.3.3　服务、应用程序、知识共享 ··· 17

2.4　白俄罗斯 ·· 18

2.4.1　农业、劳动力、ICT 基础设施 ·· 18

2.4.2　战略、政策、立法 ·· 19

2.4.3　服务、应用程序、知识共享 ·· 20

2.5　波黑 ··· 21

2.5.1　农业、劳动力、ICT 基础设施 ·· 21

2.5.2　战略、政策、立法 ·· 22

2.5.3　服务、应用程序、知识共享 ·· 23

2.6　格鲁吉亚 ·· 23

2.6.1　农业、劳动力、ICT 基础设施 ·· 23

2.6.2　战略、政策、立法 ·· 25

2.6.3　服务、应用程序、知识共享 ·· 25

2.7　哈萨克斯坦 ··· 26

2.7.1　农业、劳动力、ICT 基础设施 ·· 26

2.7.2　战略、政策、立法 ·· 27

2.7.3　服务、应用程序、知识共享 ·· 28

2.8　吉尔吉斯斯坦 ··· 30

2.8.1　农业、劳动力、ICT 基础设施 ·· 30

2.8.2　战略、政策、立法 ·· 31

2.8.3　服务、应用程序、知识共享 ·· 32

2.9　摩尔多瓦 ·· 33

2.9.1　农业、劳动力、ICT 基础设施 ·· 33

2.9.2　战略、政策、立法 ·· 34

2.9.3　服务、应用程序、知识共享 ·· 35

2.10　黑山 ·· 36

2.10.1　农业、劳动力、ICT 基础设施 ··· 36

2.10.2　战略、政策、立法 ·· 37

2.10.3　服务、应用程序、知识共享 ··· 38

2.11　北马其顿 ·· 39

2.11.1　农业、劳动力、ICT 基础设施 ··· 39

2.11.2　战略、政策、立法 ··· 40

2.11.3　服务、应用程序、知识共享 ··· 41

2.12　俄罗斯 ·· 42

2.12.1　农业、劳动力、ICT 基础设施 ··· 42

　　　　2.12.2　战略、政策、立法 ·· 43
　　　　2.12.3　服务、应用程序、知识共享 ·································· 44
　　2.13　塞尔维亚 ··· 45
　　　　2.13.1　农业、劳动力、ICT 基础设施 ···························· 45
　　　　2.13.2　战略、政策、立法 ·· 46
　　　　2.13.3　服务、应用程序、知识共享 ·································· 47
　　2.14　塔吉克斯坦 ··· 48
　　　　2.14.1　农业、劳动力、ICT 基础设施 ···························· 48
　　　　2.14.2　战略、政策、立法 ·· 49
　　　　2.14.3　服务、应用程序、知识共享 ·································· 50
　　2.15　土耳其 ·· 51
　　　　2.15.1　农业、劳动力、ICT 基础设施 ···························· 51
　　　　2.15.2　战略、政策、立法 ·· 52
　　　　2.15.3　服务、应用程序、知识共享 ·································· 52
　　2.16　土库曼斯坦 ··· 54
　　　　2.16.1　农业、劳动力、ICT 基础设施 ···························· 54
　　　　2.16.2　战略、政策、立法 ·· 55
　　　　2.16.3　服务、应用程序、知识共享 ·································· 56
　　2.17　乌克兰 ·· 56
　　　　2.17.1　农业、劳动力、ICT 基础设施 ···························· 56
　　　　2.17.2　战略、政策、立法 ·· 58
　　　　2.17.3　服务、应用程序、知识共享 ·································· 59
　　2.18　乌兹别克斯坦 ·· 60
　　　　2.18.1　农业、劳动力、ICT 基础设施 ···························· 60
　　　　2.18.2　战略、政策、立法 ·· 61
　　　　2.18.3　服务、应用程序、知识共享 ·································· 62

3　结论 ··· 63
　　3.1　下一步的建议 ·· 72

4　资源清单 ··· 75

附录 1　粮农组织和国际电联关于数字农业的问卷 ················· 80
附录 2　国家答复情况 ··· 81

1 导　论

农业正变得越来越知识密集。农民对他们的农场、种植的农产品、农产品销售市场以及影响其生计和整个社会福祉的其他重要问题，必须要做出越来越复杂的决定。因此，农民必须改变获取和使用信息的方式。

农业还面临诸多挑战，包括气候变化（如自然灾害频发、生物多样性丧失和自然资源枯竭）、粮食价格波动和供应链功能失调等一系列问题。

粮农组织预测，到 2050 年，全球 90％以上的粮食需求将通过农业研究进步、提高现有耕地产量来满足。通过成功的科学研究与技术推广构建"农业创新生态系统"，推动相关知识应用并将其传授给农民，将是提高农业生产水平的关键。信息能够让农民改变和调整生产决策行为，以应对动态挑战并改善生计。将知识与创新联系起来，对于解决农业部门的信息和知识缺口至关重要。信息和通信技术的发展是经济增长的动力，也是创新和变革的关键驱动力。

然而，创新是人、流程和技术的复杂组合。许多倡议只将技术置于解决新问题和当前问题的建议方法的中心，但在许多情况下，这不是一种可持续的方法。确定哪些技术可以引入到现有的工作流程中，对于提高工作效率和效果至关重要。在效率和技术驱动并行发展的同时，农业也变得更加知识密集。获得针对特定地点和条件的及时、准确的信息，不仅对那些在不断变化的环境中试图充分利用资源的农民至关重要，而且对包括消费者在内的价值链中的其他主体也至关重要。如果没有信息和通信技术，处理当今大量的可用信息是不可想象的。

1.1　信息和通信技术、农业与可持续发展目标

联合国所有会员国于 2015 年通过了可持续发展目标（SDGs），这是一项具有普遍性的行动呼吁，旨在消除贫困、保护地球，并确保到 2030 年所有人都享有和平与繁荣。17 项可持续发展目标是综合性的，一个领域的行动将影响到其他领域的结果，而且必须在社会、经济和环境可持续性之间取得平衡。因此，信息和通信技术与农业都是实现可持续发展目标的重要推动因素。

1

　　粮食和农业作为人与地球之间的主要纽带，有助于实现多项可持续发展目标。如果得到适当的营养，儿童就能学习，人们就能过上健康和富有成效的生活，社会就能繁荣。通过改善土壤质量和发展可持续农业，能够在当下和未来养活不断增长的人口。农业部门包括种植业、畜牧业、渔业和林业，是世界上最大的资源掌管者，是许多国家最大的经济部门，也是极端贫困人口的主要食物和收入来源。可持续的粮食和农业生产在改善农村景观、为各国实现包容性增长和推动《2030年可持续发展议程》全面实现等方面具有巨大潜力。

　　信息和通信技术有助于加快实现17项可持续发展目标中的每一项进展。高效和可支付的信息和通信技术基础设施及服务使各国能够参与数字经济，并提高其整体经济福祉和竞争力。信息和通信技术有助于在保健、教育、金融、商业、治理和农业等领域提供优质商品和服务，有助于减少贫困和饥饿，促进健康，创造新的就业机会，减缓气候变化，提高能源效率，并使城市和社区可持续发展。

1.2　信息和通信技术与农业

　　长期以来，信息和通信技术一直被认为是弥合数字鸿沟和实现可持续发展3个维度（经济增长、环境平衡和社会包容）的关键推动因素。事实证明，信息和通信技术在卫生、教育、金融和贸易、提供信息和服务方面发挥了重要作用，并有助于提高透明度和建立问责制。通过使用基于信息和通信技术的解决方案，可以解决长期困扰农业部门的问题。然而，为了有效地开发信息和通信技术设备及数字服务的潜在能力，必须了解新技术背后的驱动力特征。在农场层面，信息和通信技术可以通过收集、处理、存储和传播信息，帮助管理农场的各项经营业务。农场管理信息系统（FMIS）是完善农业生产管理的复杂记录保存系统，尤其有助于降低农户生产成本，确保农产品符合标准，并保持农产品质量和安全。数字技术可用于数字农业，这是一种更精简的农业生产系统，通常被称为"精准农业"，其采用资源节约型方法，也可以在环境问题上产生巨大效益（例如：更有效地利用水，优化投入，减少化肥和农药的使用，或"用更少的钱做更多的事"）。数字农业是有潜力促进经济、环境和社会可持续发展的农业，能更有效地在以下领域实现一个国家或地区的农业目标（图1-1）：

• 农业创新体系；
• 可持续农业；
• 灾害风险管理和预警系统；
• 加强市场准入；
• 食品安全和可追溯性；

- 金融服务和保险；
- 能力发展和赋权；
- 监管框架。

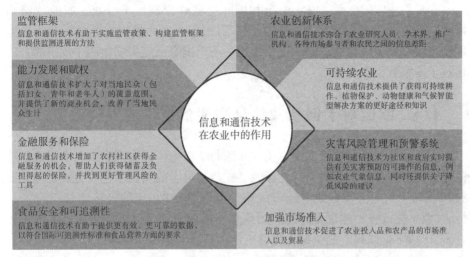

图 1-1　信息和通信技术在农业中的作用

　　数字农业的目标是通过改进信息和通信流程，促进农业和农村经济增长。数字农业包括概念化、设计、创造、分析和在农村领域（主要关注农业）使用信息和通信技术的应用创新方式。一个有效且高效地将信息和通信技术引入农业的方法是，建立一项全面的国家战略以实现协同增效，避免孤立实施数字农业项目，造成工作和资源的重复投入。数字农业战略可以为资源（财力和人力）分配提供关键支持，以更好地利用信息和通信技术。农业信息和通信技术参与规划和战略方针的制定有助于促进机构间合作、提升透明度和信任。专家们一致认为，目前使用人工智能（如植物病害识别）、传感器网络（如农场物联网）和区块链技术（如食物链透明度）等新技术创新主要针对大型农场及其利益相关者。这并不奇怪，因为这些创新主要针对的是生产和分销规模增大带来的问题。然而，数字农业解决方案不应只针对较大的参与者，数字农业还可以帮助解决小农和家庭农场的问题，提高其生产力，缩小小型和大型参与者之间的信息差距，并支持可持续的农业实践，构建全面且复杂的农业系统（例如有机农业）。

　　尽管人们早已认识到国家数字农业战略的必要性，但欧洲与中亚的大多数国家尚未实施国家战略。作为通用技术，信息和通信技术可以促进国家和区域农业战略，但必须强调的是，尽管新技术潜力巨大，可信息和通信技术只有在成为战略实施愿景和概念的一部分时才能发挥作用。政府在利用信息和通信技术方面扮演着重要的角色，可以根据当前的需求和问题调整应用方案。作为海量农业数据资源的持有者，政府可以提供一个信息生态系统，包括开放数据政策、法规和互操作性，使每个利益相关者都可以使用和访问。

2015 年和 2016 年，粮农组织和国际电联联合制定了《数字农业战略指南》①，旨在帮助各国将信息和通信技术引入农业，并根据农业目标和优先事项制定或发展数字农业战略。迄今为止，若干国家已经根据指南中规定的方法通过了国家数字农业战略。

1.3 欧盟对于创新及信息和通信技术的发展政策

农业和信息社会政策的制定受到欧洲与中亚地区许多国家加入欧盟或与欧盟进行更密切合作的共同目标的影响。欧盟委员会的《数字化议程》是"欧洲 2020 战略"的七大支柱之一，该战略为欧盟到 2020 年的经济增长设定了目标。《数字化议程》建议更好地利用信息和通信技术，促进创新、经济增长和进步。《数字化议程》的关键优先事项之一是数字化单一市场。

欧盟数字农业的主要政策背景也由数字化单一市场战略决定。数字化单一市场的目标包括弥合城市和农村地区之间的数字鸿沟，到 2020 年在整个欧盟范围内提供高速或超高速宽带。数字化单一市场还为农业和食品价值链（一直延伸到消费者）提供了许多其他机会，目标是让其变得更智能、更高效、更循环、更互联。

事实上，在发布《欧洲工业数字化》（COM〔2016〕180）时，欧盟委员会表示，工业数字化战略的总体目标是确保"……欧洲的任何行业，无论大小，无论位于何处，无论在任何部门，都可以充分受益于数字化创新，以升级其产品，改进其流程，并使其商业模式适应数字化变革"。

此外，《科克宣言 2.0——农村地区更美好的生活》第 7 点指出："所有类型和规模的农村企业，包括农场主和林场主，必须获得适当的技术、最先进的互联互通服务以及新的管理工具，以提升经济、社会和环境效益。"

最后，关于《欧洲农业和农村地区的智能和可持续数字未来》的合作宣言在 2019 年数字化日发布，并由几乎所有欧盟成员国签署。该宣言肯定了数字化技术在帮助解决欧盟农业食品部门和农村地区面临的经济、社会、气候和环境挑战方面的潜力。欧盟农业部门是世界上主要的粮食生产者之一，是欧洲粮食安全和质量的保证，为欧洲人提供了数百万个就业机会，但它也面临着许多挑战。人工智能、机器人、区块链、高性能计算、物联网和 5G 等数字技术有

---

① 详见 www.fao.org/in‑action/e‑agriculture‑strategy‑guide/en/。

可能提高农场效率，同时改善经济和环境的可持续性。数字技术的广泛应用也将对农村地区的生活质量产生积极影响，并有助于吸引年轻一代从事农业和在农村创业。该宣言是为促进和加速欧盟农业部门和农村地区数字化转型所做努力的一部分。

有多种资金来源可以被用来帮助启动农业创新项目，例如共同农业政策下的欧洲农村发展政策、2020 年地平线欧盟研究和创新计划（H2020）或欧洲农业创新伙伴计划（EIP - AGRI）。

1.4 欧盟共同农业政策中的信息系统

农业和食品部门是欧盟最大的经济部门之一。在食品加工、食品零售和餐饮行业，约有 4 400 个工作岗位依赖农业，目前约有 1 200 万农民从事农业工作。欧盟大约一半的土地用于农业；占欧洲一半的农村地区居住着欧盟 20% 的人口。

共同农业政策是欧盟的主要农业政策，运行着一个复杂的农业补贴和农业项目支持系统。共同农业政策于 1962 年推出，之后经历了多次修订，每年的预算超过 500 亿欧元，是欧盟所有项目中成本最高的。2014—2020 年，共同农业政策预算占欧盟预算的 37.8%，而 1984 年这一比例接近 71%。

共同农业政策旨在可持续地提高欧洲农业生产力，同时公平性地确保欧盟农民的生活水平。共同农业政策通过直接支付、市场干预和农村发展等一系列措施，加强欧洲农业的竞争力和可持续性。

共同农业政策的大部分预算由其综合管理和控制系统进行监管，该系统旨在保护共同农业政策的财政资源并协助农民进行申报。共同农业政策预算用于 3 个不同但相互关联的领域，因此资金的分配必须保持协调连贯。

- 对农民的收入支持以及对可持续农业实践的支持：只要农民遵守食品安全、环境保护以及动物健康和福利标准，他们就能获得直接补贴。直接补贴完全由欧盟提供资金，占共同农业政策预算总额的 70%。30% 的直接补贴取决于生产者是否坚持实践可持续农业，以改善土壤质量、生物多样性和环境（例如作物多样化、维持永久性草地或保护农场有机土地）。
- 农村发展措施：这类措施有助于农民实现农场现代化，提高竞争力，同时保护环境，使农业和非农活动多样化，并提升农村社区的活力。这部分经费由欧盟成员国共同提供，约占共同农业政策预算总额的 20%。项目通常持续一年以上。
- 市场支持措施：为市场支持措施提供资金，如向食品公司提供出口补贴，并在不利天气条件导致市场不稳定时提供帮助。这些款项在共同农业政策预算总额中所占的比例不到 10%。

根据欧盟标准，农业知识和信息系统可分为两大类：

A. 主要信息系统。

（1）农业统计数据。

（2）农场会计数据网络（FADN），用于监测农场的财务过程和收入状况。

（3）市场信息系统，为生产商和政府提供市场趋势数据。

（4）用于分配资助的大部分系统，特别是欧盟行政部门用于支付和监控支付的基本上是"技术性"的综合管理和控制系统。

B. 二次信息系统，通常使用主要系统的数据库。

这些系统旨在满足某些"较窄"领域的特定信息需求，包括用于农业知识和信息系统的信息和通信技术服务以及农业咨询服务。

1.5 欧洲和中亚的共同倡议和组织

表 1-1 列举了欧洲和中亚与数字农业相关的共同倡议和组织。

表 1-1 欧洲和中亚与数字农业相关的倡议和组织

组织	功能	数字农业作用
欧洲互操作性框架（EIF）https://ec. europa. eu/isa2/eif _ en	该框架就如何建立可互操作的数字公共服务提供了具体指导，以改善互操作活动的治理情况，建立跨组织关系，简化完善端到端的数字化服务流程，并确保现有或新的立法都不会损害互操作工作	标准和互操作性
国家互操作性框架观测站（NIFO）https://joinup. ec. europa. eu/collection/nifo - national - interoperability - framework - observatory	NIFO 为其利益相关者提供欧洲数字政府和互操作性的最新发展	标准和互操作性
开放政府伙伴关系（OGP）https://www. opengovpartnership. org	OGP 的愿景是让更多的政府以可持续的方式变得更加透明、更负责任，并对其公民做出反应，最终目标是提高治理和服务质量	标准和互操作性
全球农业和营养开放数据（GODAN）https://www. godan. info	GODAN 倡议鼓励现有的农业、营养相关和开放数据的活动协同合作，促使利益相关者解决长期存在的全球问题。它努力使农业和营养相关数据在全球范围内被不受限制地提供、获取和使用	标准和互操作性

（续）

组织	功能	数字农业作用
欧盟东扩谈判政策 https://ec.europa.eu/neighbourhood – enlargement/	该政策涵盖了5个候选国家和2个已经申请加入或正在准备加入的国家。除土耳其外，其他国家都位于巴尔干半岛西部	战略和投资
加入前援助文书（IPA）和促进农村发展的加入前援助文书（IPARD）https://ec.europa.eu/neighbourhood – enlargement/instruments/overview _ en	IPA是欧盟为"扩展国家"的改革提供财政和技术援助的手段。IPARD是促进农村发展的IPA，为受益者提供资金和技术帮助，使其农业部门和农村地区更具可持续性，并使其与欧盟的共同农业政策保持一致	战略和投资
欧洲邻国政策东方伙伴关系 https://ec.europa.eu/neighbourhood – enlargement/neighbourhood	这项联合政策倡议旨在深化和加强欧盟成员国及其6个东部邻国（亚美尼亚、阿塞拜疆、白俄罗斯、格鲁吉亚、摩尔多瓦和乌克兰）之间的关系。该协议规定，双方将共同致力于加强经济、治理和互联互通以提高效率，并改善环境和气候变化管理	战略和投资
欧洲农业和农村发展邻里计划（ENPARD）https://ec.europa.eu/neighbourhood – enlargement/neighbourhood	欧盟启动欧洲农业和农村发展邻里计划，以加强欧盟与邻国在农业和农村政策领域的伙伴关系。它还促进可持续农业和均衡国土的发展，并将其作为经济及社会稳定进步的因素	战略和投资
EU4 数字倡议（EU4Digital）https://eufordigital.eu	EU4Digital旨在将欧盟的数字化单一市场扩展到亚美尼亚、阿塞拜疆、白俄罗斯、格鲁吉亚、摩尔多瓦和乌克兰，开发数字经济和数字社会潜力。这可以带来经济增长，创造更多就业机会，改善人民生活，帮助企业，扩大数字服务并优化数字框架	战略和投资、服务和应用
欧盟智能专业化战略 https://ec.europa.eu/jrc/en/research – topic/smart – specialisation	智能专业化战略侧重于确定竞争优势的利基领域，解决重大社会挑战，引入需求驱动的维度，培养创新伙伴关系以加强不同社会利益相关者之间的协调，并在不同治理级别的私人和公共利益相关者之间调整资源和战略	标准和互操作性
欧洲农业创新伙伴关系（EIP – AGRI）https://ec.europa.eu/eip/agriculture/	EIP – AGRI致力于培育具有竞争力和可持续性的种植业和林业，以更少的投入实现更多更好的目标。许多EIP – AGRI专业活动和出版物关注数字化和农业知识与创新体系	内容、知识管理和共享

1.6　方法论

国际电联欧洲和独联体区域办事处与粮农组织欧洲及中亚地区办事处合作，共同撰写了这份关于以下18个国家数字农业现状和战略的报告：阿尔巴尼亚、亚美尼亚、阿塞拜疆、白俄罗斯、波黑、格鲁吉亚、哈萨克斯坦、吉尔吉斯斯坦、摩尔多瓦、黑山、北马其顿、俄罗斯、塞尔维亚、塔吉克斯坦、土耳其、土库曼斯坦、乌克兰和乌兹别克斯坦。

这些国家是依据国际电联和粮农组织的活动以及粮农组织在当地存在而选择的。作为信息社会世界峰会《行动计划》"数字农业"行动方针的共同促进者，这两个组织都希望更好地了解区域数字农业的前景。这里提供的最新资料将让人进一步了解国家战略如何能够促进一个国家的社会经济发展。

用于评估所研究国家数字农业情况的方法包括以下几个步骤。

第一步：粮农组织和国际电联向每个国家的相应政府机构发送1份关于国家层面现有方案和战略以及主要联络点的简化问卷（详见附录1）。随后对文献和在线资源进行回顾。

第二步：国际电联委托2名数字农业专家利用上述结果系统地收集和整理现有信息来源，要求每个国家的协调中心补充和澄清数据。国际电联、世界银行和联合国指标数据库的指标也被用于描述每个国家的现状。通过这项专家工作，根据粮农组织和国际电联的《数字农业战略指南》中规定的数字农业组成部分的分类，建立国家概况。每个国家的概况都包含与农业部门相关的信息和有关通信技术基础设施的内容。国家概况还包含了对与数字农业主题相关的政策、战略、立法和治理方案的介绍。最后一部分将介绍本研究范围内各国的数字服务、应用程序、工具和良好示例。

第三步：由每个国家官方机构负责人和专家对国家概况进行复核。

本书数据收集完成后暴发的新冠疫情可能对数字农业的演变方式产生重大影响。一些国家和组织正在采取措施，优先考虑数字化解决方案，以帮助农民更好地管理其农业活动，特别是种植和收获的时机选择，并减少高价值商品（易腐产品）的损失。一些农民和农场顾问已经测试并使用了目前可用的许多在线交流渠道。这些渠道（即用于及时扩展服务的渠道）的使用肯定会增多，使用模式也会逐步普及。移动应用程序和基于网络的数字工具有助于将农产品直接销售和交付给消费者。与其他行业（如商业和教育）一样，农业在新冠疫情期间变得更加数字化。疫情封锁暴露了数字化鸿沟，不使用互联网的人（特别是小农户和家庭农场主）比以往任何时候都更被排斥，其在这段艰难时期获得的支持和机会更少。大数据分析有助于向各国提供疫情如何影响食物供应链的事实和信息，以便各国做出相应决策。

2 国家概况

2.1 阿尔巴尼亚

2.1.1 农业、劳动力、ICT 基础设施

阿尔巴尼亚是一个东欧国家，也是一个等待与欧盟开始成员国资格谈判的候选国，其人口结构相对年轻并且主要分布在农村，近 40％的居民生活在农村地区（表 2-1）。农业仍然是阿尔巴尼亚最重要的经济部门之一，贡献了国内生产总值（GDP）的 18％左右，并有一些农产品出口到国外。阿尔巴尼亚的农业生产者主要是具有自给自足特征的小型家庭农场。目前，阿尔巴尼亚面临的主要问题包括农村人口外流、农场规模有限、农田所有权不完整、农产品销售渠道不畅通、灌溉和排水能力弱、现代技术使用率低以及农民组织薄弱等。近年来，阿尔巴尼亚虽然大量进口了拖拉机和其他农业机械，但农民主要使用的技术水平还很低，他们仍然非常需要专业化的现代机器和设备。

表 2-1 阿尔巴尼亚基本农业指标

指标	2008 年	2018 年	差值	差值占比
人口	3 002 678	2 882 740	−119 938	−3.99
农业增加值（占 GDP 的百分比）	16.84	18.39	−1.55	9.20
农业用地（占土地面积的百分比）	43.10	43.13（2016 年）	0.03	0.07
农村人口（占总人口的百分比）	50.01	39.68	−6.66	−20.66
农业就业人数（占总就业人数的百分比）	44.66	38.00	−14.61	−14.91
农业女性就业人数（占女性就业人数的百分比）	56.90	42.29	−2.89	−25.68

资料来源：世界银行 WDI 数据库。

2019 年在阿尔巴尼亚 16～74 岁的群体中，有 69％的人使用互联网；超过一半的家庭（57％）实现了宽带互联网接入，自 2017 年以来每年增长 10％～

15％（图 2-1）。然而，与其他被研究国家和欧盟国家相比，阿尔巴尼亚的固定宽带普及率仍处于非常低的水平，城乡固定通信业务普及率仍存在巨大差距。移动通信业务普及率高于固定通信业务，长期演进技术（LTE）服务覆盖了 85％以上的人口。根据世界经济论坛高管意见调查，活跃人群的数字技能水平为 4.67 分（满分 7 分）。阿尔巴尼亚在全球竞争力指数指标"政府的未来方向"中排名第 56 位（在 7 分制中得分为 3.87）。

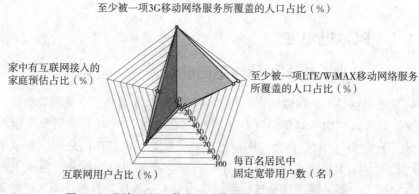

图 2-1　阿尔巴尼亚信息和通信技术获取和使用基本指标
资料来源：国际电信联盟 WTI 数据库。

2.1.2　战略、政策、立法

阿尔巴尼亚政府已将数字连接和宽带基础设施建设确定为《国家发展和一体化战略》《数字议程战略经济改革计划（2019—2021）》《国家宽带计划》等战略文件中的关键优先事项。《数字议程（2020）》的第二个战略优先事项是"在所有部门（卫生、教育、环境、农业、旅游、文化、能源、交通等）确立发展电子通信的政策"。该事项确定了以发展先进电子通信基础设施、打造高速和超高速宽带为国家主要发展方向。

《阿尔巴尼亚数字议程（2015—2020）》中的跨领域战略旨在通过信息和通信技术提高农业（以及其他部门）的效率。通过信息和通信技术实现生产现代化，促进产品合规性，使产品和服务的质量符合欧盟标准，并增加该国农产品、食品和矿产品的出口。在实现战略优先事项 1 的目标"地区和城市间数字差异最小化"后，数字议程还旨在建立服务于农业和旅游业的统一或区域数字平台。

阿尔巴尼亚在信息社会转型和视听媒体培育方面准备得相当充分。在未来几年，为遵守欧盟要求并与《西巴尔干数字议程》保持一致，该国需要改进有关数字化水平和数字竞争力的统计数据收集工作。

根据《第二期加入（欧盟）前援助文书》（IPA Ⅱ）修订的《阿尔巴尼亚战略文件（2014—2020）》显示，阿尔巴尼亚将在欧盟支持下构建动态且运行良好的数字农业信息系统，以不断更新与土地、农场和动物登记相关的数据。

2.1.3 服务、应用程序、知识共享

政府电子网关（e-Gateway）能连接各种政府系统，使其实现信息共享。国家空间数据信息地理门户已收集了来自多个机构的数据。第二代不动产登记系统（ALBSREP）已在全国范围内投入使用，并已被纳入 e-Gateway，它使不动产登记处的 51 项服务可以在网上提供。图像覆盖阿尔巴尼亚全境的《正射影像地图（2015—2016）》也被创建出来，并免费提供给政府和市政当局使用。

根据欧盟委员会《阿尔巴尼亚报告（2019）》，阿尔巴尼亚在建立地块识别系统（LPIS）方面没有进展。综合管理和控制系统尚未完全实施，但其中的某些内容已开发使用，例如农民登记册和动物登记册。该国尚未建立农场会计数据网络，但建立农场会计数据网络的筹备工作已经开始，实施该网络所需的大部分数据来源都已具备。根据其《经济改革方案（2019—2021）》，阿尔巴尼亚将进一步优化地籍、土地和财产登记程序，包括澄清土地所有权等，特别是对农业用地进行碎片整合。地块识别系统将成为执行农业用地可持续管理政策的有效工具。根据阿尔巴尼亚最近的《农业统计部门审查》，其农业和农村发展部仍在研究综合管理和控制系统及地块识别系统模型，它将被用于对所有农场进行登记，并与统计局合作准备一份调查问卷。阿尔巴尼亚农业和农村发展部计划定期更新申请补贴的农场名单，但相关系统仍处于准备阶段。

在由欧盟资助的区域共同体重建发展和稳定援助项目（CARDS）的支持下，葡萄园和橄榄树的登记工作已经完成。2010 年，阿尔巴尼亚建立了牲畜登记册，它由两个分册组成：动物个体登记册和动物饲养登记册。该登记册由兽医服务部门管理，涵盖所有类型的牲畜（牛、绵羊、山羊、猪、马、家禽和蜜蜂）。在阿尔巴尼亚，年度农业调查涵盖土地使用、作物生产、牲畜数量和产量、供应资产负债表、农业劳动力投入和支出统计等，而投入品价格则在季度农业调查中收集。

最近，农业和农村发展部开设了"农业点"或"农民之窗"网络（AGROPIKA）。这是一个直接向农业生产者提供服务的单位，对农业和农村发展部负责，并向农民提供贷款申请、融资、技术推广支持和其他服务的信息。阿尔巴尼亚总共开设了 20 个农业点，覆盖了全国每个地区。2019 年，该机构发出呼吁，号召申请国家支持计划。这些申请可通过"e-Albania"平台在 20 个农业点和 16 个区域农业推广机构在线提交，能够为农民提供优质、及时且经济高效的服务。粮农组织欧洲及中亚区域办事处将启动一个新项目，借

11

鉴该国以往类似事项的经验（例如虚拟扩展通信网络服务、农民单一窗口和国家数字农业审查等），协助阿尔巴尼亚制定 2020 年国家数字农业战略愿景。

2.2 亚美尼亚

2.2.1 农业、劳动力、ICT 基础设施

亚美尼亚是一个内陆国家，面积约为 29 700 平方千米，拥有从半荒漠到永久积雪的不同自然区域。2018 年，全国总人口略低于 300 万（295.17 万），人口密度约为每平方千米 100 名居民，大约 37% 的人口生活在农村地区（表 2-2）。近几十年来，亚美尼亚经济正从以农业为主向以服务业为主转型。1993 年，农业在亚美尼亚国内生产总值中占比最大，占经济总产出的 48.2%，此后，农业占比逐步下降，到 2018 年降至 13.7%。在亚美尼亚，只有 7.6% 的农业土地和 26.7% 的耕地得到了灌溉。缺乏灌溉限制了农业部门的发展，因此亚美尼亚需要大量的投资来改善灌溉系统。除此之外，亚美尼亚耕地利用不足的因素还包括农机服务不足、土地细碎化严重、农产品销售困难、财政资源难以获得，以及盈利能力低。

表 2-2　亚美尼亚基本农业指标

指标	2008 年	2018 年	差值	差值占比
人口	2 907 618	2 951 745	44 127	1.52
农业增加值（占 GDP 的百分比）	17.90（2012 年）	13.70	-4.20	-23.47
农业用地（占土地面积的百分比）	61.43	58.90（2016 年）	-2.53	-4.12
农村人口（占总人口的百分比）	36.36	36.85	0.49	1.35
农业就业人数（占总就业人数的百分比）	37.35	33.29	-4.06	-10.87
农业女性就业人数（占女性就业人数的百分比）	44.38	36.59	-7.79	-17.55

资料来源：世界银行 WDI 数据库。

根据国际电联《衡量信息社会报告（2017）》，亚美尼亚 64.7% 的家庭拥有电脑，60.5% 的家庭可以连接互联网，62% 的居民使用互联网。根据亚美尼亚统计委员会公布的《亚美尼亚社会概览和贫困情况（2018）》，2017 年亚美尼亚 96.7% 的人口拥有手机，88.8% 的人可以连接移动互联网。亚美尼亚是独联体（CIS）区域最早推出 LTE 的国家之一。它拥有很高的移动宽带覆盖率，几乎所有的人口都可以使用 3G 移动网络（图 2-2），LTE 覆盖率高于独

联体区域的平均水平。根据世界经济论坛高管意见调查，活跃人群的数字技能水平为 4.42 分（满分 7 分）。亚美尼亚在全球竞争力指数指标"政府的未来方向"中排名第 61 位（在 7 分制中得分为 3.84）。

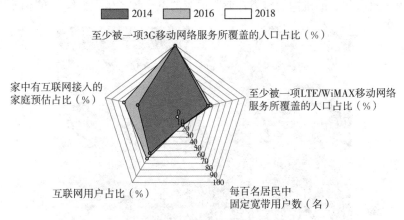

图 2-2　亚美尼亚信息和通信技术获取和使用基本指标
资料来源：国际电信联盟 WTI 数据库。

2.2.2　战略、政策、立法

亚美尼亚政府在 2008 年首次决定在公共部门中整合信息技术并采用创新措施，从而改善公共服务，提高服务效率。2010 年，政府推出了电子政务门户网站"www.e-gov.am"，目的是统一提供所有电子政务工具和数据库，并创造舒适的使用环境。同样在 2010 年，政府批准了《关于在亚美尼亚发展电子学会的概念文件》。2014 年，政府通过了电子政务战略，以改善公共服务，解决相关问题。

通过制定一系列有关信息和通信技术、数字社会和电子政务发展的政策，亚美尼亚政府已将公共服务的提供以及公众对信息和数据库的广泛需求转移到在线平台上。政府的优先事项包括：利用专业知识和技术，在所有公共行政领域以最低成本实现最高产出；提供可获得、可负担、可靠、安全、高质量和具有国际竞争力的服务，发展经济；提高人民的生活质量。为实现这些目标，政府已决定：

• 建立能确保信息安全、网络安全和个人数据保护的现代基础设施，开发由政府机构提供数字服务的信息平台；

• 实施公共行政机构管理信息的数字化；

• 建立统一、全面的数据库，同步国家信息方案，加强信息系统的互操作性并合理使用；

- 提高公共行政机构对数字技术的使用效率，削减开支，并最大化产出，提高公共信息和服务的质量；
- 制定国家信息安全标准，确保标准的实施和管控。

由于政府和资助机构的努力，亚美尼亚的电子政务生态系统正在不断发展。

图片来源：Treinen S，粮农组织，灌溉传感器。

《亚美尼亚可持续农业发展战略（愿景 2029）》重视以技术为重点的现代化：促进数字农业和技术创新；农业投资部门数字化；建立促进技术创新的地方生态系统；提高区域数字农业服务的领导地位。目前亚美尼亚农业部门的现代信息系统发展状况不佳，这对制定更准确的政策和有效地执行政策产生了负面影响。以下是最重要的缺失要素：
- 开发和使用数字农民登记册；
- 开发和实施牲畜计数和登记数字系统；
- 建立和应用农田数字化地图数据库和农用化学品研究数据库；
- 开发和应用包含农业部门技术和经济的绩效指标和标准的集中数据库。

2.2.3 服务、应用程序、知识共享

在亚美尼亚，电子政务工具的主要研发机构是 Ekeng CJSC（电子政务基础设施实施单位），它负责规划、开发和维护电子政务解决方案。目前，信息和通信技术用于电子政务的领域有土地登记、税收、卫生和许多其他部门（如法律和艺术），有些服务已经提供了 8 年以上。虽然目前还没有集中的信息系统，但农业部门存在一些解决方案（agro. am、minagro. am、社交媒体、初创企业等）。

亚美尼亚经济部正计划推出一个数字营销平台，可用于销售当地生产的新鲜或加工农产品。数字营销平台可简化程序，促进出口，提升公众对亚美

尼亚产品的认可。2018 年下半年，欧盟资助的粮农组织欧洲农业和农村发展邻里计划项目"技术援助亚美尼亚农业部"在粮农组织的技术合作下实施，并为亚美尼亚政府制定国家数字农业战略提供支持。在粮农组织实施的"亚美尼亚数字农业战略能力发展"方案框架下，制定了一项旨在推动《亚美尼亚可持续农业发展战略（愿景 2029）》优先事项 7（促进数字农业和技术创新）的 3 个成果的行动计划。亚美尼亚数字农业战略和行动计划将于 2020 年实施。

2.3 阿塞拜疆

2.3.1 农业、劳动力、ICT 基础设施

阿塞拜疆农业用地约 474 万公顷，占该国土地总面积的 57%，其中已耕种土地面积 180 万公顷（表 2-3）。近年来，农业增加值只占国内生产总值的 5%～6%，远低于 2001 年（当时超过 20%）。随着其他行业的发展，农业在国民经济中的总体份额不断下降，原因包括农业生产率低（农场结构不合理导致，80% 的农场面积不到 5 公顷）、获得现代农业技术的机会有限、小农户知识水平有限。而商业服务和金融工具的匮乏，再加上价值链的分散，进一步阻碍了农业增长。但我们要看到，阿塞拜疆大约有 100 万个小型农场，且雇用了 36% 的工作人口，对于满足国内外市场对各类水果、蔬菜和乳制品日益增长的需求具有巨大潜力。

表 2-3 阿塞拜疆基本农业指标

指标	2008 年	2018 年	差值	差值占比
人口	8 821 873	9 949 537	1 127 664	12.78
农业增加值（占 GDP 的百分比）	5.57	5.25	−0.32	−5.75
农业用地（占土地面积的百分比）	57.57	57.74（2016 年）	0.17	0.30
农村人口（占总人口的百分比）	47.01	44.32	−2.69	−5.72
农业就业人数（占总就业人数的百分比）	39.59	36.13	−3.46	−8.74
农业女性就业人数（占女性就业人数的百分比）	40.69	41.94	1.25	3.07

资料来源：世界银行 WDI 数据库。

在移动宽带普及率和覆盖范围方面，阿塞拜疆在中亚地区排名几乎位居榜首，其固定宽带市场的普及率也高于独联体区域的平均水平。移动通信服务和固定通信服务的价格相对较低。阿塞拜疆在 2009 年部署了第一个 3G 网络，

随后其移动宽带网络经历了多年的快速发展，包括 2015 年推出的 LTE 服务。2015 年，阿塞拜疆部署了 4G/LTE，目前覆盖范围约占总人口的 40%，虽然城市地区被广泛覆盖，但农村地区覆盖范围有限。2018 年，阿塞拜疆有约 80% 的人口使用互联网，这已接近饱和——在过去 5 年中，互联网用户占比仅增长了 5%（图 2-3）。更复杂的指标如网络就绪指数（Network Readiness Index）表明，高互联网普及率并没有转化为有效的使用。根据世界经济论坛高管意见调查，活跃人群的数字技能水平比较高，被调查者的平均评分为 5.24 分（满分 7 分）。阿塞拜疆在全球竞争力指数指标"政府的未来方向"中排名第 20 位（在 7 分制中得分为 4.72）。

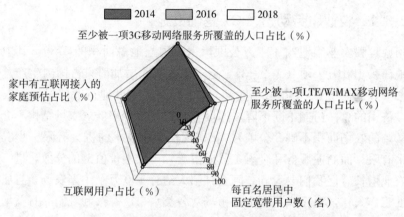

图 2-3　阿塞拜疆信息和通信技术获取和使用基本指标
资料来源：国际电信联盟 WTI 数据库。

2.3.2　战略、政策、立法

阿塞拜疆采取了全面的经济多样化政策，以减少对石油和天然气收入的依赖。《阿塞拜疆（2020）：展望未来》的发展理念是将经济多样化作为政府社会经济政策的核心，为其他政策文件提供指导。政府执行包括农村发展在内的区域发展政策的主要工具是《阿塞拜疆地区社会经济发展国家方案（2019—2023)》，其与《国家方案（2014—2018)》一脉相承。信息和通信技术有望在阿塞拜疆经济多样化方面发挥主导作用。

此前，阿塞拜疆已宣布信息和通信技术为国家优先事项，通信和信息技术部也于 2004 年成立。阿塞拜疆还通过了《阿塞拜疆信息和通信技术发展国家战略（2003—2012)》。2014 年，阿塞拜疆政府通过了以《信息社会发展国家战略（2014—2020)》为基础的国家方案。该战略聚焦以下问题：信息和通信技术基础设施发展、有效监管、信息和通信技术产品开发、电子政务、教育信息和通信技术、信息安全。2016 年，政府又通过了一项国家方案来实施该战略。

《阿塞拜疆农产品生产加工战略构想愿景（2020）》旨在根据可持续发展原则，为生产和加工有竞争力的农产品创造有利环境，进一步加强粮食安全，促进经济多样化，增加农村地区社会福利。《农业生产和加工战略路线图（2016）》确定了该领域发展的关键差距、挑战和优先发展方向（含 2020 年、2025 年及以后），包括创建一个综合的电子信息门户，并以此建立一个包含数据管理在内的统一系统，形成一个全面的农业信息数据库。该路线图的另一个目标是利用互联网、社交媒体和移动电话向农民提供农业信息。该路线图还呼吁建立数字农业（包括改进登记和统计数据），并设计一个在战略目标 8（加强国家对农业的监管，改善商业环境）框架下监测和评估农业政策执行成果的系统。由于信息和通信技术以及农业发展都是高度优先事项，因此阿塞拜疆政府致力于发展数字农业，促进大数据和开放数据的使用，为农村地区创建在线公共服务系统，孵化农业技术初创企业，以及鼓励提升农民数字素养和发展农村电子商务。

2.3.3 服务、应用程序、知识共享

数字农业信息系统（EKTIS）主要是一个操作管理工具，其模块涵盖了阿塞拜疆政府支持农业生产者的相关业务流程。EKTIS 的开发始于 2015 年（由欧盟资助），主要基于欧盟的原则和机制（基于补贴和政策信息的综合管理和控制系统）。2017 年，EKTIS 为数字服务（客户）门户创建了一个关于农业生产补贴规则的应用程序模块，并集成到电子政府门户中。该系统有 7 个子模块，包括地块识别系统、农场登记册和补贴申请过程支持等。2020 年，EKTIS 与 5 个政府机构进行了信息资源的整合，意味着这些政府机构的系统间可以进行实时信息交换。到目前为止，阿塞拜疆全国已有超过 47 万名农民在 EKTIS 上注册。EKTIS 还将农业部门整合到外部系统中，实现了对农业不同领域的监管和过程支持，帮助生成辅助决策的分析性报告和建模，进而为未来发展奠定基础。

一组国际专家已经开始研究动物鉴别和登记系统的技术规范，并为农村商业信息系统（RBIS）和 GIS 门户网站开发了技术规范。对于门户网站来说，建立国家空间数据基础设施非常重要。RBIS 将促进农民和农业部门之间的农业市场信息流动，GIS 门户网站将与其他政府机构、农业部门和私营部门一起提供数字空间数据。欧盟 2020 年启动了一个为期 24 个月的资助项目，用于开发 RBIS。

在粮农组织项目"改进价值链协调能力和机构发展 TCP/AZE/3403"中，

电子数据库（www.aqrarbazar.az）已开始发布农产品的零售和批发价格。该数据库每天更新，在一个简单的产品分类系统（小、中、大）的基础上涵盖了46种水果和蔬菜的不同品种的价格。2017年，该数据库被扩展到包括一系列动物源性的产品。

阿塞拜疆农业部农业研究中心正在开发一种基于欧盟FADN的本地监测系统。此外，欧洲航天局资助了一个为期12个月的项目SenSPA（"可持续牧场管理定点监测"），将演示地球观测数据的使用，并开发一个可持续牧场管理创新应用程序。SenSPA将满足政府当局、地方行政部门、公共和私人利益相关方以及农民或牧民对有效监测和可持续牧场管理的需求。

阿塞拜疆还拥有其他农业信息服务机构，包括植物卫生信息系统、动物疾病监测电子系统和控制措施、农业租赁系统和人工授精登记册等。

2.4 白俄罗斯

2.4.1 农业、劳动力、ICT基础设施

白俄罗斯有1 492家农业企业，共种植超过300公顷的土地，其中1 039家（69.6%）被纳入农业和食品部系统直接管理，其中70%属于农业和食品部所有。近年来，白俄罗斯农业快速发展（表2-4），该国已从2009年的农产品贸易逆差转变为贸易顺差。

表2-4 白俄罗斯基本农业指标

指标	2016年	2018年	差值	差值占比
人口	9 452 855	9 452 617	−238	−0.002 5
农业增加值（占GDP的百分比）	8.67	6.40	−2.27	−26.18
农业用地（占土地面积的百分比）	43.95	42.04 （2016年）	−1.91	−4.35
农村人口（占总人口的百分比）	26.27	21.41	−4.86	−18.50
农业就业人数（占总就业人数的百分比）	10.39	10.59	0.20	1.92
农业女性就业人数（占女性就业人数的百分比）	7.03	7.21	0.18	2.56

资料来源：世界银行WDI数据库。

在白俄罗斯，79%的人使用互联网，其中大多数人每天都在使用。根据白俄罗斯国家统计委员会数据，83%的城市人口和67.9%的农村人口可以使用互联网，76%的人可以使用4G通信服务（图2-4）。2019年，一个工作组审查了与白俄罗斯5G移动通信技术部署相关的主要问题。

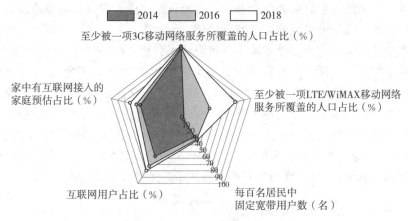

图 2-4　白俄罗斯信息和通信技术获取和使用基本指标

资料来源：国际电信联盟 WTI 数据库。

2.4.2　战略、政策、立法

国民经济的数字化转型是白俄罗斯发展的优先事项之一。在过去 10 年中，政府通过了一系列关于数字化转型的监管法律文件：

- 《关于数字经济发展的第 8 号总统令（2017）》（以下简称《总统令》）；
- 《白俄罗斯信息化战略（2016—2020）》；
- 《数字经济和信息社会发展国家方案（2016—2020）》（以下简称《国家方案》）；
- 《白俄罗斯安全理事会关于信息安全概念的决议（2019）》，该决议规定了确保数字安全的基本措施。

《总统令》强调数字化是白俄罗斯经济的决定性因素，其为区块链和加密货币等诸多新技术发展创造了有利的（法律）条件。《总统令》还考虑了高科技园区的发展，指出高科技园区是国家数字化转型的关键机构。《国家方案》的主要目标是促进人们使用信息和通信技术的行为转变，包括数字经济转型、信息社会培育和电子政务优化。《国家方案》有 3 个子方案和诸多子项目，如电子身份证、电子处方和国家开放数据门户网站：

（1）信息和通信技术基础设施子方案，着重于国家信息和通信基础设施发展（如光纤设施、Wi-Fi、云技术、LTE），共 11 个子项目。

（2）信息化基础设施子方案，着重于电子政务技术开发（如全国自动化信息系统、跨部门电子文档管理、公钥基础设施、开放数据），共 8 个子项目。

（3）数字化转型子方案，着重于商业业务流程的数字化转型，共 52 个子项目。

数字技术的发展既强调信息和通信基础设施建设，也强调为政府机构、商业界和公民之间的电子通信营造基础条件。

农业部门被确定为白俄罗斯最有希望实现数字化的部门之一。《国家方案》的一项指标就是能源密集型农业设备的监测覆盖率（2020 年为 70％）。《白俄罗斯社会经济发展方案（2016—2020）》也设想在卫星通信导航、自动化信息采集和过程控制系统广泛使用的基础上引入精准农业。该方案计划到 2020 年让使用精准农业耕种的土地达到 30％，但目前没有该方案进展情况的信息。《白俄罗斯农业企业发展国家方案（2016—2020)》包含子方案"农工综合体技术改造和信息化"，其主要目的是引入资源节约型精准农业技术。

2.4.3 服务、应用程序、知识共享

正如白俄罗斯农业和食品部部长在诸多会议和活动中所强调的，农工综合体数字化转型是政府的优先事项之一。当务之急是进一步改进信息和通信技术，开发使用前沿信息技术的创新方法，以及在农业部门实施"单一窗口"机制，其主要目的是创建一个涵盖电子交易平台、统一数字系统（国家农业管理部门）、产品流动控制、商贸会计及贸易与技术壁垒识别的共有云平台，该平台将涉及多个利益相关者。由于农业和食品部打算将其用作数据收集工具，因此该平台也将作为生产者日志使用，生产者将从科学院等相关研究所获得相应数据。

白俄罗斯农业和食品部正在与通信和信息化部合作，将精准农业的所有组成部分整合进一个共同方案之中。除政府举措外，私营部门还在种植业、畜牧业、农业机械设备库存和维护等各个领域开发和推行自动化信息系统。例如 2019 年，位于明斯克地区的日丹诺维奇（Zhdanovichi）农业综合体（2013 年首次引入精准农业系统组件）测试了数字设备，该设备能够使养殖者检测牛是否有配备项圈和传感器。另一项目是在莫吉廖夫（Mogilev）地区，特别是在克利切夫斯基（Klichevsky）区的志愿国有农场，引进全新的粮食作物种植技术。Snov 农业联合体也开展了精准农业相关实践。图洛夫（Turov）的一家大型乳制品厂已将 IT 基础设施置于云端。2017 年，运营商 Velcom 的 NV‑IoT 获准推出窄带网络，该网络可以作为物联网服务的基础。该领域的其他著名服务商包括畜牧业信息系统中心和信息技术企业 GIVC Minselhozproda。GIVC Minselhozproda 是一个为农业公司提供复杂信息技术服务的国营组织，业务包括信息技术系统建设、企业软件开发和应用。许多私营公司也在这一领域提供技术服务，例如 OneSoil。白俄罗斯一个重要的信息资源是 AgroWeb Belarus 网站，该网站会提供特定国家农业互联网资源的相关信息。

粮农组织的计划项目"支持和加强植物保护活动"（将于2020年上半年获得批准）将开发一个不同寄主植物虫害症状的电子数据库，并与白俄罗斯的农药登记数据库相连接。

2.5 波黑

2.5.1 农业、劳动力、ICT 基础设施

根据波黑统计局数据，2017年波黑农业、林业和渔业增加值占国内生产总值的5.6%。农产品及各类食品贸易占波黑外贸的比重较大。现有数据显示，农业部门的赤字正在下降，2017年农业出口对进口比值为35%。波黑目前有1 000个农业企业（三分之一登记为农业控股企业）和36万个农村家庭（占总人口的16%）从事农业生产（表2-5）。每个农场的平均用地面积为1.97公顷。波黑是一个潜在的欧盟候选国，在其准备就绪时，可以启动与欧盟的成员国资格谈判。

表2-5 波黑基本农业指标

指标	2008 年	2018 年	差值	差值占比
人口	3 754 271	3 323 925	-430 346	-11.46
农业增加值（占 GDP 的百分比）	7.21	6.00	-1.21	-16.78
农业用地（占土地面积的百分比）	41.60	43.14 (2016 年)	1.54	3.70
农村人口（占总人口的百分比）	55.08	51.76	-3.32	-6.03
农业就业人数（占总就业人数的百分比）	17.97	16.50	-1.47	-8.18
农业女性就业人数（占女性就业人数的百分比）	18.78	16.73	-2.35	-10.92

资料来源：世界银行 WDI 数据库。

相比于欧洲和全球的通信水平，甚至是与大多数邻国相比，波黑固定和移动通信服务的普及率都很低。波黑政府已于2009年颁发允许提供3G服务的许可证，目前3G服务已经基本覆盖全部人口，但移动宽带的普及率（55.38%）低于欧洲和全球的平均水平，这主要是由于波黑每个区域市场内相对较低的竞争水平和较高的移动宽带服务价格。LTE移动宽带目前仍不可用。如今波黑70%的人口使用互联网，接近七成的家庭可以在家上网（图2-5）。根据世界经济论坛高管意见调查，活跃人群的数字技能水平为3.82分（满分7分）。波黑在全球竞争力指数指标"政府的未来方向"中排名第137位（在7分制中得分为2.13）。

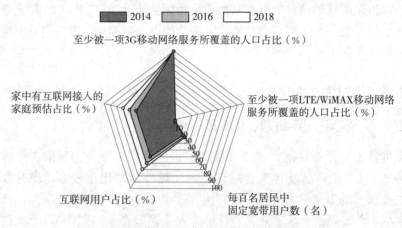

图 2-5　波黑信息和通信技术获取和使用基本指标

资料来源：国际电信联盟 WTI 数据库。

2.5.2　战略、政策、立法

2017 年 5 月，波黑政府批准了《波黑信息社会发展政策（2017—2021）》。根据《欧盟委员会分析报告（2019）》，波黑正处于信息化社会转型的早期准备阶段，信息化立法和战略框架仍不完整，但公共行政机构之间的网络设施和信息服务的互操作性所需的法律框架已经到位。

作为欧盟的潜在候选国，波黑正在设计和实施农业信息系统的几个子组成部分。波黑需要建立共同农业政策（CAP）所需的行政结构和信息系统（包括支付机构、综合管理和控制系统以及地块识别系统），并建立共同农业政策下欧盟资金管理和控制的相关机制，包括符合欧盟规定的农场会计数据网络。地块识别系统以及综合管理和控制系统的初步准备工作已经开始。由于波黑的农业控股企业非常小且农田地块分散（通常有 7～9 个较小的地块），因此，建立地块识别系统是一项复杂的工作。

波黑《第二期加入（欧盟）前援助文书年度行动方案》中包括 3 项有关在农业中使用信息和通信技术的项目。"成果 1.2"显示，波黑正在根据欧盟程序实施政策行动以改进信息系统和登记制度，主要工作包括需求评估、方法审查、信息和通信技术解决方案的开发、试点、培训和技术改进。"成果 2.2"显示，得益于先进的食品安全政策和与欧盟保持一致的立法，波黑食品安全和食品质量正在得到改善，主要工作包括政策审查和更新、法律筛选和设计、信息和通信技术系统开发、知识转让、通过在职培训提高从业者技能、实践演示等。"成果 1.1"显示，波黑正通过向农村女企业家和年轻农民提供专项拨款，鼓励女性参与信息化转型工作，她们是进行各项创新活动和技术学习（包括数字农业）的重要力量。

根据《波黑农村发展战略计划（2018—2021）》战略措施 6.3.1，波黑将通过共同开发培训方案、认证系统、信息交流门户以及改善监测和评估系统质量来优化专业信息、培训和咨询服务系统；战略措施 6.9 旨在支持电子政务和数据支持服务的发展，以期能够支持农业部门构建统一的农业信息和行政系统，并加强各级间的协调与合作。根据《农业和农村发展》文件第 11 章，波黑正在建立、开发或升级综合管理和控制系统的前 3 个组成部分，即农业所有权登记册、受益人登记册和动物识别登记册。

2.5.3 服务、应用程序、知识共享

世界银行农业和农村发展项目有一个涵盖农业信息化及机构能力建设的组成部分，包括支持动物识别和动物行动轨迹控制，目标是利用电子监测系统降低对养殖动物的识别成本，实现疾病控制和追踪，提高市场合规性。动物识别和动物行动轨迹控制模块目前已经在波黑运行。

2017 年，波黑联邦农业、水资源管理与林业部开发了用于农业支付的信息软件。新系统将升级农业补贴支付全流程，促进资金检查和流程控制，并将波黑联邦 10 个州、79 个市的行政部门连通起来，使其成为整个支付流程的一部分。该软件还将更好地跟踪农业补贴的执行情况，并以可靠数据为基础清楚地了解农业运行状况，开展农业政策规划。相关应用平台"农民门户（farmerportal. ba）"已在波黑建立，这让农业领域的政府权力属于每个实体。塞族共和国（63 个市区）没有类似的平台，农业生产者在那里仍使用标准文件。塞族共和国农业、水资源管理与林业部的咨询服务司负责运营一个知识门户网站（pssrs. net），塞族共和国还有其他门户网站（主要为私人网站）。

波黑最近开发了一系列应用程序，如 CARPO（由联合国开发计划署支持的农业气象/植物保护应用程序）和 Optimilk（奶牛日粮优化程序）。

波黑还计划为土地测量和财产法律事务建立一个地理信息门户，其主要目的是确保获取和使用联邦政府的标准化空间数据，相关地籍数据主要包括城市、宗地、标志物和建筑物的边界。

2.6 格鲁吉亚

2.6.1 农业、劳动力、ICT 基础设施

农业在格鲁吉亚国内生产总值中的份额约为 7%，但近年来该份额一直缓慢下降（表 2 - 6）。目前约有 35%的国土面积是农业用地，农业人口占该国总劳动力人口的 45%左右，98%的农场工人是个体经营者。格鲁吉亚的特点是

由于海拔变化导致的生态系统自然分层。不同的海拔高度，造成不同的环境条件，生态系统随之变化。具体情况如下：仅 39% 的耕地位于海拔 500 米以下；29% 位于海拔 500～1 000 米处，21% 位于海拔 1 000～1 500 米处，11% 位于海拔 1 500 米以上。

表 2-6　格鲁吉亚基本农业指标

指标	2008 年	2018 年	差值	差值占比
人口	4 142 655	4 002 942	−139 713	−3.37
农业增加值（占 GDP 的百分比）	8.13	6.66	−1.47	−18.08
农业用地（占土地面积的百分比）	36.18	34.45 (2016 年)	−1.73	−4.78
农村人口（占总人口的百分比）	45.24	41.37	−3.87	−8.55
农业就业人数（占总就业人数的百分比）	52.92	42.90	−10.02	−18.93
农业女性就业人数（占女性就业人数的百分比）	56.01	45.45	−10.56	−18.85

资料来源：世界银行 WDI 数据库。

格鲁吉亚拥有发达的移动宽带市场，3G 和 LTE 服务覆盖了大部分人口（图 2-6）。2017 年，LTE 覆盖范围扩大到 99% 以上，紧随其后是移动宽带订阅量的增加（2018 年每 100 名居民有 45.26 个移动宽带订阅用户）。目前，移动和固定通信服务价格已大幅下降。2018 年格鲁吉亚约三分之二的人口（64%）是互联网用户。根据世界经济论坛高管意见调查，活跃人群的数字技能水平比较高；被调查者的平均评分为 3.66 分（满分 7 分）。2018 年，格鲁吉亚在全球竞争力指数指标"政府的未来方向"中排名第 63 位（在 7 分制中得分为 3.83）。

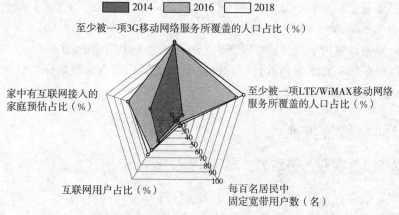

图 2-6　格鲁吉亚信息和通信技术获取和使用基本指标
资料来源：国际电信联盟 WTI 数据库。

2.6.2 战略、政策、立法

正如世界银行的国家概括所述，格鲁吉亚过去几年在经济管理和政府治理方面的重大改革为其赢得了"明星改革者"的声誉。为支持私营部门，格鲁吉亚出台相关规则条例创造了良好的营商环境，在市场管理和投资环境方面的国际评级快速上升。2016年11月，格鲁吉亚启动了《政府方案（2016—2020）》，将经济与教育改革、基于空间规划的基础设施发展以及公共治理改革列为优先事项。当届政府于2018年年中上任，依旧采用该政府方案作为国家总体发展战略。

《格鲁吉亚农业发展战略（2015—2020）》强调提供高效的市场信息收集、处理和传播服务，以收集农业领域主要利益主体的数据。该战略还强调在农业实践中使用现代技术和创新方法，制定农业推广战略（该战略于2017年获得批准，并在粮农组织支持下于2019年修订）。农业推广战略的目标是通过向农民提供知识服务和信息支持，将现有信息和咨询系统转变为满足农业实际需求的推广服务系统，提高格鲁吉亚农业部门竞争力。该战略修订于2019年底获得批准（欧盟和粮农组织代表参加了修订）。

新的《农业和农村发展战略（2021—2027）》于2019年获得格鲁吉亚政府批准。新战略得到了欧盟、联合国开发计划署和粮农组织的支持，主要内容包括发展有竞争力的农业和非农业项目、可持续利用自然资源、保护生态系统、适应气候变化、保障食品和动物饲料安全，以及发展兽医和植物保护系统。

2.6.3 服务、应用程序、知识共享

格鲁吉亚最重要的信息服务是环境保护和农业部的市场信息系统，该系统于2015年在粮农组织的技术指导下根据欧洲农业和农村发展邻里计划实施。格鲁吉亚环境保护和农业部于2016年对该系统实施全面管理和运营，该系统收集了大多数农产品的每周价格（59个市镇，60多种产品），这些数据可通过环境保护和农业部的网站获取。

格鲁吉亚环境保护和农业部还建立了数据仓库，这是环境保护和农业部根据欧盟委员会联合研究中心创建的数据门户网站构建的数据综合存储库。数据仓库能够整合和分析来自不同数据库的数据，并根据产品和地区等常见参数创建半自动化报告，可以支持高级分析、决策和报告，也可以促进机构间协调沟通。粮农组织及ENPARD支持格鲁吉亚建立一个在线资料库，储存环境保护和农业部及其他合作伙伴（非政府组织、捐助者）制作的大部分相关材料。这些材料（不仅包括文本，还包括视频和其他资源）被收集并进行修订，然后上传到在线扩展库（elibrary.mepa.gov.ge），以方便过滤和下载。粮农组织及

ENPARD 支持格鲁吉亚国家统计局改进目前的农业持股季度调查（通过计算机辅助个人访谈），调查于 2018 年启动，并实施了关于水产养殖持股的调查。粮农组织还支持环境保护和农业部与全球测地系统合作，制定与农业相关的可持续发展指标。

通过 ENPARD 计划，欧盟为 1 600 个合作社提供资金和技术支持，帮助格鲁吉亚实现农业现代化。欧盟还支持格鲁吉亚建立了 59 个信息咨询中心。迄今为止，已有超过 25 万农民接受了咨询中心培训。这些咨询中心向农民介绍现代技术创新，并开展能力和技能提升。根据在粮农组织指导下制定的《格鲁吉亚农村发展战略（2017—2020）》及相关行动计划，其第二优先事项是制定有关数字技能培训的相关措施，如数字扫盲和编程语言教学、企业家电子扫盲和信息技术专家培训。

格鲁吉亚政府启动了《国家宽带基础设施发展方案》，以发展高速互联网基础设施。该方案完成后，格鲁吉亚将被光纤高速公路全面覆盖，能有效完善零售网络，并通过当地运营商向用户提供互联网接入服务。财政支持将关注位于"白色地带"的定居点，这类定居点居民超过 200 人，且运营商在该计划启动后 3 年内不打算建设宽带基础设施。与此同时，格鲁吉亚政府正在支持对人口较少地区提供网络服务。在经济和可持续发展部的支持下，Tusheti（山区最多的地区之一）社区网络项目于 2017 年成功完成，目前已有 24 个村庄接入互联网。

2016 年，国际复兴开发银行（IBIRD）资助了格鲁吉亚国家创新生态系统（GENIE）项目，该项目旨在促进企业创新，并增加其对数字经济的参与。2019—2021 年，该项目将支持培训多达 3 000 名信息技术专家，为格鲁吉亚的数字转型提供所需的劳动力。

格鲁吉亚在不动产登记中引入了智能合约，以提高透明度和效率，并降低成本。因此，现在可以在比特币区块链中注册土地所有权，由于这项技术尚未用于农业用地，这使格鲁吉亚成为首批使用这项技术完成房地产相关政府交易的国家之一。

2.7 哈萨克斯坦

2.7.1 农业、劳动力、ICT 基础设施

哈萨克斯坦是中亚的一个内陆国家，拥有 1 832 万居民，是世界上人口密度最低的国家之一（表 2 - 7）。该国石油和矿产资源丰富，自 2000 年以来经济一直稳步增长。尽管农业在哈萨克斯坦国内生产总值中所占比例大幅下降（2018 年仅为 4.18%），但它仍然是经济发展的一个重要支柱，2018 年农业就

业人数占总就业人数的 15％左右。哈萨克斯坦是世界上最大的粮食出口国之一，但有部分食品依赖进口。

表 2－7　哈萨克斯坦基本农业指标

指标	2008 年	2018 年	差值	差值占比
人口	15 862 123	18 319 618	2 457 495	15.49
农业增加值（占 GDP 的百分比）	5.32	4.18	−1.14	−21.43
农业用地（占土地面积的百分比）	78.10	80.38（2016 年）	2.28	2.92
农村人口（占总人口的百分比）	43.32	42.57	−0.75	−1.73
农业就业人数（占总就业人数的百分比）	30.16	15.01	−15.15	−50.23
农业女性就业人数（占女性就业人数的百分比）	29.15	14.21	−14.94	−51.25

资料来源：世界银行 WDI 数据库。

哈萨克斯坦拥有高度发达的移动网络基础设施，电信服务的价格相对较低，并持续下降。因此，哈萨克斯坦是中亚地区移动宽带普及率最高的地区。在计算机接入和互联网使用方面，哈萨克斯坦也是领先者。3G 技术于 2011 年被引入，到 2015 年 3G 网络覆盖了哈萨克斯坦所有超过 1 万名居民的定居点。自 2012 年该国首次引入 LTE，到 2014 年 LTE 覆盖了所有人口超过 5 万人的城镇。根据国际电联数据，2018 年 LTE 覆盖了哈萨克斯坦 75％以上的人口，每 100 名居民中有 77.57 个移动宽带用户。不过固定宽带的普及率远不及预期（每 100 名居民中有 13.44 个订阅用户）。但随着哈萨克斯坦继续为农村地区提供固定宽带接入，这种情况可能会好转。哈萨克斯坦计划在 2018 至 2020 年间为地方上的国家机构接入 10 兆比特/秒及以上的互联网，并在 1 227 个农村地区部署 FTTx 网络。2021—2025 年，哈萨克斯坦计划使用一种替代技术——光纤覆盖 4 000 多个定居点。届时 79％的人口可使用互联网，几乎每 10 个家庭中就有 9 个可以在家上网（图 2－7）。根据世界经济论坛高管意见调查，活跃人群的数字技能水平比较高；被调查者的平均评分为 4.65 分（满分 7 分）。在世界经济论坛《2018 年全球竞争力报告》中，哈萨克斯坦在全球竞争力指数指标"政府的未来方向"中排名第 39 位（在 7 分制中得分为 4.13），这意味着政府正在迅速应对新挑战。

2.7.2　战略、政策、立法

哈萨克斯坦政府正在大力发展信息和通信技术。2013 年批准了国家方案《信息哈萨克斯坦（2020）》。2017 年制定并实施了后续《数字哈萨克斯坦》计

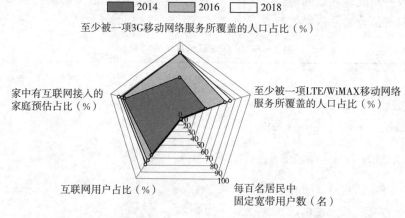

图2-7　哈萨克斯坦信息和通信技术获取和使用基本指标
资料来源：国际电信联盟 WTI 数据库。

划，项目期限为 2017—2021 年。该项目侧重于 5 个方面：数字化产业、数字化国家转型、实施数字丝绸之路、发展人力资本和构建创新生态系统。数字产业涵盖了与数字农业相关的各项措施。

2013 年，哈萨克斯坦政府批准了《农业发展计划（2013—2020）》，也称为《农业企业计划（2020）》。2017 年，政府又通过了《哈萨克斯坦农工综合体发展国家方案（2017—2021）》。这项跨部门政策文件旨在指导农业及工业部门根据以下市场需求生产有竞争力的产品：

• 让中小型农场参与农业合作；
• 满足国内市场需求，开发国内产品出口潜力；
• 有效利用国家财政支持；
• 有效利用水资源；
• 为有效利用土地资源创造条件；
• 增加农业生产者的机械和化学品供应；
• 发展贸易和物流基础设施；
• 为农业及工业部门提供科技人员、信息和营销支持。

其目的是在扩大粮食出口的同时，确保国内市场的粮食稳定和良好的食品供应。该战略包括数字农业计划（Е-АПК）。

2.7.3　服务、应用程序、知识共享

哈萨克斯坦数字农业计划的主要目标是将现有工具应用于业务流程的数字化，以实现到 2022 年农业生产率和加工农产品出口是 2017 年的 2.5 倍。作为数字农业计划的一部分，20 个数字农场和 4 000 个先进农场将实现全流程和公

共服务自动化，并在全国推广。农业部根据数字化阶段划分了 3 个级别的农场——数字农场、先进农场和基础农场，每个级别都有一套明确的条件和标准。政府将采取进一步措施，帮助农民更好地使用政府支持服务。哈萨克斯坦的数字演进链（digital evolution chain）已经建立，目前正在实施中。数字农业方案将实现所有农田的数字化，并从农业化学角度更新土壤条件状况。该方案计划在每个地区创建一个数字化试验农场，以便让每个哈萨克斯坦农民亲自体验数字技术。目前方案已建立了 3 个测试点：卡斯克伦（Kaskelen）农业公园、巴拉耶夫（Barayev）研究所的肖坦迪（Shortandy）和扎雷切尼（Za-rechny）的科斯塔奈（Kostanai）地区。在试点阶段之后，方案将建立示范农场，通过开展研讨会和培训活动，促进数字技术的大规模采用。信息技术服务提供商和其他私营部门将作为顾问参与培训过程。数字农业方案的其他组成部分还包括电子商务、农产品追溯系统、线上学习方案和在线贷款。

图片来源：Polombi M，粮农组织，哈萨克斯坦 MilkProc 经理。

哈萨克斯坦数字计划的第一支柱——经济分支数字化也将采取类似措施，旨在帮助大企业和中小企业更好地利用在线工具，创新数字技术。《数字哈萨克斯坦》指出，农业数字化提高了生产质量，增加了产出，并减少了人们对生产过程的参与。在数字农业方面，三个主要领域被重点加强。第一个领域是"精准耕作"，农民通过该管理系统监测种子、湿度、营养元素、害虫和降水的概率。第二个领域是电子商务和电子农贸，包括为农业部门研发的统一电子贸易设施。第三个领域是牲畜和作物监测，主要包括谱系记录系统、林业管理与保护系统、动物繁殖和利用控制系统，以及"从农场到柜台"的可追溯系统。

还有一些正在实施的案例。粮农组织与欧洲复兴开发银行（EBRD）一起设计并调试了一款移动应用程序——Collect Mobile，以帮助牛奶加工商定位当前和潜在的奶源供应商，其中大多数是小农或家庭农场主。这有助于改善农民的生产和生计。

2.8 吉尔吉斯斯坦

2.8.1 农业、劳动力、ICT 基础设施

吉尔吉斯斯坦是一个低收入国家，人口约 600 万，其中三分之二的人口生活在农村地区（表 2-8）。目前该国已经实现了联合国千年发展目标和世界粮食峰会的承诺，即到 2015 年将饥饿人口减半。官方公布的绝对贫困率从 2013 年的 37% 下降到 2016 年的 25.4%，其中 66% 的贫困人口居住在农村地区。在吉尔吉斯斯坦，农业的地位十分重要。2018 年农业增加值占国内生产总值的近 12%，吸收了近 27% 的就业人数。自 2000 年以来，农业在吉尔吉斯斯坦国内生产总值中的份额大幅下降（低于 34%）。吉尔吉斯斯坦 40% 以上的农业用地严重退化，85% 以上的总土地面积受到侵蚀。

表 2-8 吉尔吉斯斯坦基本农业指标

指标	2008 年	2018 年	差值	差值占比
人口	5 254 979	6 304 030	1 049 051	19.96
农业增加值（占 GDP 的百分比）	23.49	11.65	-11.84	-50.40
农业用地（占土地面积的百分比）	55.93	54.96 (2016 年)	-0.97	-1.73
农村人口（占总人口的百分比）	64.72	63.65	-1.07	-1.65
农业就业人数（占总就业人数的百分比）	34.02	26.52	-7.50	-22.05
农业女性就业人数（占女性就业人数的百分比）	33.53	27.59	-5.94	-17.72

资料来源：世界银行 WDI 数据库。

吉尔吉斯斯坦拥有一个开放的、有竞争力的电信市场。移动通信服务优于固定通信服务，预计在未来几年 3G 和 LTE 用户将继续大幅增长。3G 服务于 2010 年推出，LTE 服务于 2011 年底推出，覆盖了大多数人口（图 2-8）。最大运营商拥有约 40% 的市场份额，其余份额由其他两家运营商分享。一些固定通信服务运营商也推出了 LTE 服务。2015 年，吉尔吉斯斯坦在中亚举行了第一次数字波段（790～862 兆赫兹）拍卖。固定宽带服务于 2006 年推出，但由于城市化水平低、服务价格高以及与移动宽带服务的竞争，固定宽带服务的发展受到了阻碍（每 100 名居民只有大约 4 个固定宽带用户）。吉尔吉斯斯坦有 38% 的人口使用互联网，只有略多于五分之一的家庭可以在家中上网。根

据世界经济论坛高管意见调查，活跃人群的数字技能水平比较高；被调查者的平均评分为 3.89 分（满分 7 分）。2018 年，吉尔吉斯斯坦在全球竞争力指数指标"政府的未来方向"中排名第 105 位（在 7 分制中得分为 3.16）。

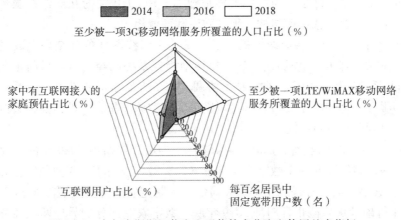

图 2-8　吉尔吉斯斯坦信息和通信技术获取和使用基本指标

资料来源：国际电信联盟 WTI 数据库。

2.8.2　战略、政策、立法

吉尔吉斯斯坦《国家战略（2013—2017）》的重点是推动现代技术的应用，特别是在国家海关、教育和银行业。2017 年，吉尔吉斯斯坦政府启动了"Taza koom"倡议，这是一项国家数字化转型计划，旨在建设一个以人权、自由、价值观和潜力为中心的强大社会。"Taza koom"的目标是通过技术采纳、数字基础设施建设等手段改善人们的生活。2018 年通过的《吉尔吉斯斯坦国家发展战略（2018—2040）》，概述了该国数字化转型的基本思路。新的数字化转型理念《数字吉尔吉斯斯坦（2019—2023）》规定了该国数字化进程的结构、管理体系和基本要素，主要目标如下：

- 通过国家和地方治理的数字化转型，提供高质量的数字服务，提升效率、有效性、公开性、透明度，落实问责制，遏制公共行政中的腐败，提高公民参与政府和市政决策过程的水平；
- 提高居民数字技能，为其创造新的机会；
- 通过优先推进经济部门的数字化转型、加强国际合作和创建新的经济治理集群，确保经济增长。

吉尔吉斯斯坦总统宣布 2019 年为吉尔吉斯斯坦区域发展和数字化年。此外，2020 年被宣布为吉尔吉斯斯坦区域发展、国家数字化和儿童支持年。2019 年 2 月，吉尔吉斯斯坦发布了《数字吉尔吉斯斯坦（2019—2023）》实施路线图。它包含六类措施：发展数字国家（40 项任务）、发展数字经济（36 项任务）、发展数字技能（35 项任务）、确保网络安全（5 项任务）、管理概念实施过程（1 项任务）以及外联（1 项任务）。其中，最重要的电子政务项目之一是 Tunduk 系统，这是一项依照爱沙尼亚 X‑Road 开发的互操作性服务，旨在通过电子手段连接国家机构、地方政府和商业组织。

2019 年底，吉尔吉斯斯坦提交了一份关于路线图任务和结果完成情况的报告，总共实施了 71 项倡议。数字化转型管理系统已经交付，目前正在通过 Tunduk 系统对数字化项目进行技术协调。吉尔吉斯斯坦还推出了一系列数字化转型服务，例如电子支付、身份识别等。在"国家平台"的试点框架内，目前有 85 项服务可以使用。

农业数字化（涵盖教育和医疗保健）是吉尔吉斯斯坦 2020 年的主要优先事项之一。路线图有一个数字农业部分（2.3.2），致力于"农业数字化和激励创新"。其第一项任务是利用信息和通信技术制定农业部门发展方案和 2019—2022 年行动计划，截止日期是 2019 年底。数字农业部分的另外两项任务是开发一个确保食品从生产者到消费者的可追溯系统，以及为农业部门引入单一的综合管理信息系统。

粮农组织于 2020 年 2 月与吉尔吉斯斯坦正式接洽，并为其制定国家数字农业战略提供技术支持。

图片来源：Treinen S，粮农组织。

2.8.3　服务、应用程序、知识共享

2017 年 11 月，吉尔吉斯斯坦加入了开放政府伙伴关系，并启动了一个开放数据生态系统创建项目，该项目包括核心法律制定、体制和技术框架搭建、

开放数据的需求满足，以及政府管理复杂信息和通信技术项目能力的提升。

世界银行的数字中亚南亚（Digital CASA）项目正在为吉尔吉斯斯坦的数字化转型提供支持。该项目支持 5 000 万美元的目标是增加可获得的数据联通机会，吸引更多私人投资到信息和通信技术部门，并提高政府提供数字服务的能力。吉尔吉斯斯坦还计划与中国实施数字农业项目，将其作为"一带一路"倡议的一部分。

2.9 摩尔多瓦

2.9.1 农业、劳动力、ICT 基础设施

摩尔多瓦农业呈现两极分化的典型特征（表 2-9）。欧盟是该国的主要农业出口地区，少数大农场主越来越能够利用与欧盟签订的自由贸易协定获得更多盈利，但小农户很难达到欧盟市场准入的严格要求，因此主要面向更容易进入的独联体市场。自给自足的农业在增加，生产率在下降，四分之一的农村年轻人口移居城市。小农户适应能力较弱，容易受到气候变化的影响。

表 2-9 摩尔多瓦基本农业指标

指标	2008 年	2018 年	差值	差值占比
人口	4 112 891	4 051 944	−60 947	−1.48
农业增加值（占 GDP 的百分比）	8.81	10.16	1.35	15.32
农业用地（占土地面积的百分比）	75.43	74.22 (2016 年)	−1.21	−1.60
农村人口（占总人口的百分比）	57.32	57.37	0.05	0.09
农业就业人数（占总就业人数的百分比）	31.06	32.18	1.12	3.61
农业女性就业人数（占女性就业人数的百分比）	28.34	27.78	−0.56	−1.98

资料来源：世界银行 WDI 数据库。

摩尔多瓦的移动宽带普及率与独联体区域的平均水平相当。3G/LTE 广泛覆盖了摩尔多瓦领土和人口（图 2-9）。2008 年，摩尔多瓦启动首批 3G 网络（2018 年 3G 网络人口覆盖率达到 100%），2012 年开通 LTE 服务，目前覆盖了 97% 的人口。移动宽带用户数正在增加，2018 年每 100 名居民中有 73 个用户（2 年内增加了 25%）。76% 的人口使用互联网，一半以上的家庭可以在家上网。根据世界经济论坛高管意见调查，活跃人群的数字技能水平为 4.43 分（满分 7 分）。摩尔多瓦在全球竞争力指数指标"政府的未来方向"中排名第 114 位（在 7 分制中得分为 2.99）。

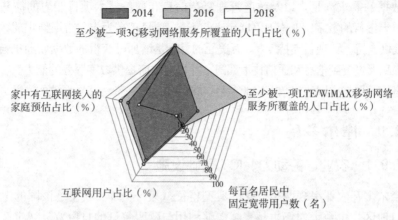

图2-9 摩尔多瓦信息和通信技术获取和使用基本指标
资料来源：国际电信联盟WTI数据库。

2.9.2 战略、政策、立法

摩尔多瓦专注于促进信息技术（IT）产业的增长并扩大其潜力，在《国家信息社会发展战略》《数字摩尔多瓦（2020）》《信息技术产业和数字创新生态系统的发展战略（2018—2023）》等文件中多次强调持续发展IT产业。摩尔多瓦通过一系列措施刺激创业、构建IT教育生态系统、培育初创企业、优化融资机制以及在各种利基市场上推广IT产品。

摩尔多瓦政府视信息和通信技术为能够产生巨大效益的优先领域，并在许多部门采取了相应的积极措施。《IT园区法》作为促进IT产业发展的旗舰举措之一，为摩尔多瓦IT园区的创建铺平了道路。摩尔多瓦IT园区为注册公司提供特殊的税收制度和简化的税收管理方式（目标对象为信息技术服务及相关活动，如软件开发、IT服务、数字图形和设计、研发、教育项目等）。

在电子通信领域，摩尔多瓦发布了《宽带发展计划（2018—2020）》，并通过了相应的实施行动计划，该计划的总体目标是发展宽带电子通信网络，以提供更强大的数据传输能力。为促进无线电频谱资源的有效管理，确保公共宽带电子通信网络和服务的持续发展，摩尔多瓦制定了《无线电频谱管理方案（2013—2020）》。

2013年，摩尔多瓦农业、区域发展和环境部发布了《农业-工业部门发展政策技术现代化（数字农业）战略方案》。该方案旨在将各部门提供的公共服务数字化，为制定和执行各部门发展战略建立综合信息系统，并开发信息监测系统以确保粮食安全。基于国家粮食安全、《国家农业和农村发展战略（2014—2020）》以及政府技术现代化战略规划（数字化转型），摩尔多瓦设计出了数字农业概念。

对摩尔多瓦正在进行的以信息和通信技术为中心的创新生态系统的国家审查表明，应从目前侧重于国际优先事项的战略转向侧重于国家优势的战略。许多利益相关方表示，信息和通信技术、不同经济部门以及专门的利基市场应该被纳入综合战略框架下进行优先考虑。摩尔多瓦确定的智能专业化领域是信息和通信技术、农业和食品加工、生物医学和能源（农业也在其中发挥作用）。《开放政府国家行动计划（2019—2020）》提议开发农业管理和支付机构的交互界面和官方网页，以确保在2019年底前能够与拨款申请人进行互动，并方便获取相关数据。

2.9.3　服务、应用程序、知识共享

为了优先满足农业部门的需求，并助推农业-工业部门发展政策，摩尔多瓦已经开发了若干信息系统：

- 数字农业登记册，以确保获得有关农业-工业部门经济主体有关经济活动的业务数据，并根据单一窗口原则提供包括在线服务在内的公共服务；
- 国家动物登记系统；
- 动物识别和可追溯性系统，是动物产品可追溯性过程管理的组成部分；
- 卫生-兽医战略管理系统，以支持由国家食品安全局负责的年度战略计划的制定、登记和监测；
- 实验室管理系统，全面管理卫生-兽医和食品安全实验室所需的信息；
- 国家农业遗产管理系统；
- AGROMAIA系统，用于监测和收集农业和收割工作的操作信息；
- 农业设备登记系统，用于提供信息技术解决方案，以识别、记录和管理有关农业-工业部门经济主体的技术潜力信息；
- 农业补贴档案管理系统，用于自动化管理补贴流程，同时生成相应报告并控制文件流通；
- 葡萄酒登记系统（登记葡萄酒产地/酒庄，包括自动识别、注册、验证、存档、删除或修改数据）；
- 植物检疫证书的发布及管理系统（包括植物原产地产品出口和再出口管理及报告编制、生产者和出口商记录、出口指南管理）。

类似地，摩尔多瓦农业管理和支付机构负责建立农业赠款申请人和受益人的证据管理自动信息系统。国家葡萄和葡萄酒办公室负责管理葡萄酒登记自动信息系统。此外，摩尔多瓦土壤登记信息系统于2014年获得政府批准，相关操作条例正在起草中。

私营公司也为农民提供了数字解决方案，包括提供农业气象数据。运营商

Orange Moldova 已经开始为农民引入数字解决方案，包括：用于燃料控制和车辆监测的 GPS 系统，以优化成本、节省燃料、防止欺诈和促进自动引导；用于收集、存储和分析天气状况的数字工具，以保障作物生产。这些服务可在摩尔多瓦全国各地通过高速互联网进行访问。

欧盟的一项新计划——EU4Digital，将为加强摩尔多瓦的数字经济发展提供支持，将欧盟数字化单一市场扩展到东部合作伙伴国家，帮助它们扩大数字服务、协调数字框架及其他活动。

粮农组织开展的一个新项目将从 2020 年起显著改善摩尔多瓦农业和农村统计数据的收集和管理工作，使其符合国际标准，并能够收集有关劳动生产率和小农户收入等可持续发展目标指标的数据。

2.10 黑山

2.10.1 农业、劳动力、ICT 基础设施

农业在黑山 GDP 的占比接近 7%（欧盟的平均水平为 2%）（表 2 - 10），近四分之一的农村劳动力从事家庭农场工作，但农业发展受到持续挑战（这一事实并没有反映在农业就业的官方数据中），包括生产成本高、生产规模小、出口机会有限、部门组织薄弱、信贷供给不足以及劳动力、设备和基础设施缺乏。黑山 2012 年启动了欧盟成员国资格谈判。

表 2 - 10 黑山基本农业指标

指标	2008 年	2018 年	差值	差值占比
人口	621 320	627 809	6 489	1.04
农业增加值（占 GDP 的百分比）	7.44	6.85（2017 年）	−0.59	−7.93
农业用地（占土地面积的百分比）	38.14	18.96（2016 年）	−19.18	−50.29
农村人口（占总人口的百分比）	36.53	33.19	−3.34	−9.14
农业就业人数（占总就业人数的百分比）	7.53	7.85	0.32	4.25
农业女性就业人数（占女性就业人数的百分比）	6.80	6.84	0.04	0.59

资料来源：世界银行 WDI 数据库。

黑山是欧洲最小的电信市场之一。加入欧盟的进程有助于黑山修订电信法规以符合欧盟规范，使其在信息和通信技术领域的竞争力得以加强。黑山移动宽带普及率持续上升，但仍落后于欧洲平均水平和大多数邻国。3G 服务几

乎覆盖了黑山所有人口，2018 年 LTE 覆盖率为 98％（图 2-10）。72％的黑山人口使用互联网，接近四分之三的家庭可以在家里上网。根据世界经济论坛高管意见调查，活跃人群的数字技能水平为 4.14 分（满分 7 分）。黑山在全球竞争力指数指标"政府的未来方向"中排名第 50 位（在 7 分制中得分为 3.95）。

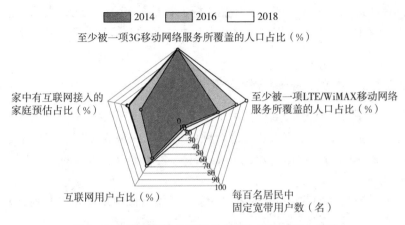

图 2-10　黑山信息和通信技术获取和使用基本指标

资料来源：国际电信联盟 WTI 数据库。

2.10.2　战略、政策、立法

黑山政府制定了《黑山信息社会发展战略（2017—2020）》和相应行动计划（2018—2020），实施了基于欧洲数字议程和数字化单一市场的发展战略。黑山确定了以信息和通信技术为主要发展方向，并设定了一个雄心勃勃的目标：到 2020 年，黑山上网速度超过 30 兆比特/秒的家庭覆盖率为 100％（目前覆盖率为 26.5％）。另一目标是提高公民基本和高级数字技能（信息和通信技术毕业生应占所有毕业生的 10％，以及到 2020 年颁发的"欧洲计算机应用执照"证书数量应达到 15 000 份）。

黑山农业政策的主要目标是提高农业生产竞争力和改善农村地区生活条件。根据《农业和农村地区发展战略（2015—2020）》，黑山政府基于农业资产所有者提供的证明，以数字地籍图和地形图形式记录地块信息。数字高程模型将使用正射影像地图使农田可视化成为可能，这也将有助于确定 LPIS 的地块边界。《黑山经济改革计划（2019—2021）》的第五项优先改革措施，即支持对食品生产部门的投资，以满足欧盟在机械和加工设备等方面的标准。根据对黑山智能专业化战略的经济、研究和创新的潜力评估，黑山农业能够在经济专业化过程中发挥主导作用，具有较高的研究价值和潜力。

根据黑山智能专业化战略（S3.me）的"2024 愿景"，黑山将按照可持续性原则，构建以知识和创新为基础的农业，包括保护农村传统及价值观，提高黑山景观观赏性，并为消费者打造丰富合格的食品价值链。根据 S3.me，信息和通信技术在横向上能够促进可持续农业和食品价值链间的协同，在纵向上能有效实现智能和高效的农业管理，如使用传感器监测农业生产环境及食品生产、储存和运输（生物传感器、智能浮标、智能蜂箱等），建设生物信息和通信技术卓越中心。此外，农业信息和通信技术是数字转型旗舰倡议的关注领域之一。

2.10.3　服务、应用程序、知识共享

2016 年，粮农组织援助黑山进行了 FADN 试点开发，匈牙利农业经济研究所专家提供了技术援助。目前这个网络还尚未完成。在试点基础上建立的 LPIS，将在未来为支付体系建设一个去中心化的分支。该系统目前正在进行相应的准备工作。

在世界银行资助的第一个项目 MIDAS（黑山机构发展和农业强化）的基础上，黑山政府正在继续实施 MIDAS2 项目。该项目通过建立与 IPARD 兼容的支付体系、完善农场注册、促进农业投资和改善农业环境的试点项目，提高黑山农业竞争力，为黑山加入欧盟提供支持。

黑山政府为推动研发工作实施了一项赠款计划，它是由黑山科学部领导并由世界银行贷款资助的 HERIC "INVO" 项目的一部分。该项目成立了 BIO - ICT 卓越中心，其作为黑山大学内的一个独立组织单位，于 2018 年 5 月 28 日正式开始运作。BIO - ICT 旨在成为一个专注于新型生物信息技术研发推广的特定创新生态系统，致力于将研究成果转化为创新产品和服务，如 BlueLeaf 平台、数字土壤测绘、海水监测（IoT）、智能灌溉系统、葡萄园疾病控制。

2018 年 9 月，黑山科技部宣布建立新的卓越中心，其中一个参与者是负责食品安全和食品真实性领域的数字化卓越中心——FoodHub。该中心主要由多尼亚戈里察大学（University of Donja Gorica）负责推动，其目标是为食品生产行业和旅游业提供可靠、科学的解决方案，以消除食品安全风险，开展危害识别，提供食品安全风险评估数字化工具，促进食品真实性认证和跟踪，开展促销和即用型（ready - to - use）应用。FoodHub 计划致力于数据收集和处理，并提供基于数字化的创新解决方案，引入传感技术知识，开展多层次数据验证，加强利益相关者的教学培训工作以及基于生物传感器的新型食品安全跟踪系统试验安装。FoodHub 计划于 2020 年 1 月开始实施。

2.11 北马其顿

2.11.1 农业、劳动力、ICT 基础设施

农业在北马其顿经济中发挥着至关重要的作用，约占国内生产总值的 7%～8%，农业从业者占全国劳动力人口的六分之一左右（表 2－11）。由于农场结构高度分散，每个农场的平均面积均小于 2 公顷，北马其顿农场的生产率和竞争力都低于欧洲其他国家。小农户贡献了该国农业生产总值的 87%。可耕种农业用地总面积为 1 261 000 公顷，占总国土面积的 50.1%。

表 2－11　北马其顿基本农业指标

指标	2008 年	2018 年	差值	差值占比
人口	2 067 313	2 082 957	15 644	0.76
农业增加值（占 GDP 的百分比）	11.44	7.24	−4.20	−36.71
农业用地（占土地面积的百分比）	42.13	50.16（2016 年）	8.03	19.06
农村人口（占总人口的百分比）	42.83	42.04	−0.79	−1.85
农业就业人数（占总就业人数的百分比）	18.41	16.11	−2.30	−12.49
农业女性就业人数（占女性就业人数的百分比）	17.67	15.72	−1.95	−11.04

资料来源：世界银行 WDI 数据库。

北马其顿作为欧盟候选国，其信息和通信技术与欧盟监管框架保持一致。固定通信网络较不发达（每 100 名居民中只有 20 个固定宽带用户），进一步凸显了移动网络的重要性。目前北马其顿蜂窝移动网络的普及率相对较高，移动宽带服务的普及率也在上升。移动宽带普及率略低于欧洲平均水平，每 100 名居民中有 67 人使用移动宽带。2008 年，北马其顿首次颁发 3G 牌照给 MakTel and Vip（后来成为 one. Vip）。2013 年底，北马其顿推出 LTE 商业服务。目前，该国几乎所有人口都被 3G（99.88%）和 LTE（99.53%）服务所覆盖。北马其顿 79% 的人口使用互联网，70% 的家庭可以在家里上网（图 2－11）。根据世界经济论坛高管意见调查，活跃人群的数字技能水平为 3.62 分（满分 7 分）。北马其顿在全球竞争力指数指标"政府的未来方向"中排名第 120 位（在 7 分制中得分为 2.88）。

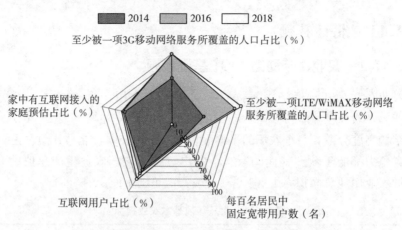

图 2-11　北马其顿信息和通信技术获取和使用基本指标
资料来源：国际电信联盟 WTI 数据库。

2.11.2　战略、政策、立法

北马其顿自 2005 年获得欧盟候选国地位以来，一直致力于使其国家农业政策符合欧盟要求，并等待与欧盟开启成员国资格谈判。《农业和农村发展法案》（2008 年生效，目前为北马其顿现行国家农业政策法律框架）有两部分内容表明其正向欧盟要求逐步过渡：一是规范农业市场；二是农村发展。

2018 年，北马其顿制定了《公共行政改革战略及其行动计划（2018—2022)》，解决了电子采购和基地登记处的互操作性问题。2018 年 7 月，通过了《开放数据战略与行动计划（2018—2020)》。2018 年 8 月和 12 月，又分别通过了《国家网络安全战略（2010—2020)》及其行动计划。

欧盟希望北马其顿准备一项长期的信息和通信技术战略。虽然北马其顿尚未制定关于发展数字技能的相关方案，但其新的国家教育战略将培育数字素养列为优先事项。北马其顿的电子政务目前正处于起步阶段。电子签名的应用仅限于为企业提供服务的少数机构。尽管已经安装了相关设备和软件，但只有少数机构在使用互操作系统。

北马其顿根据 2018 年制定的路线图，起草了一项长期国家信息和通信技术战略。北马其顿还通过了《数字服务和数字管理法》，以推动各部委、国家行政机构、管理组织和地方自治组织以电子形式交换数据和文件，落实数字服务。该法还规定了与国家数字服务门户网站、数字服务目录和一站式服务建立和运作有关的问题。北马其顿正在建立基础登记系统，并为各机构间的标准化数据交换提供安全可靠的环境。北马其顿通过建设数字服务目录和国家数字服务门户网站，确保公民和企业获得快速和高质量的服务。在初始阶段，国家数字服务门户网站将提供来自多家机构的 50 项在线查询服务。

2.11.3 服务、应用程序、知识共享

北马其顿农业、林业和水资源经济部制定了《农业总战略》，涵盖了与数字农业有关的若干问题，并向投资信息和通信技术的农民提供相应的财政支持。截至 2007 年，该部引入了综合管理和控制系统的相关组件，包括农业控股的单一登记处（称为农场登记处）和 LPIS。

根据国际维谢格拉德基金项目进行的一项调查（在 V4 国家和世界银行中的农业推广），除了传统且被广泛接受的数字工具，如广播和电视（98%），农民获取重要知识时会使用信息和通信技术设备，如智能手机（55%）、计算机（70%）、互联网（60%），这表明北马其顿发展数字农业技术是有基础的。另外，农民对前沿的信息和通信技术（如自动化系统、全球定位系统或地理信息系统）以及其他精准农业工具几乎一无所知。尽管农民对传统信息和通信技术（电视、广播、移动电话）促进农业生产经营有一定认识，但他们对智能手机给农业带来的影响认识不够，即使这些设备在农村地区已广泛使用。

欧盟希望北马其顿在 2019—2020 年最终确定国家农业会计数据网络的相关法律和程序，使其与欧盟现行法律保持一致，提高农业会计数据质量，扩大用于政策和研究目的的数据使用。关于 LPIS，新的正射影像地图已经制作出来，农业用地正在数字化。然而，地籍数据记录仍然仅被用作交易支付的参考，因为 LPIS 和土地权属系统尚未完全打通。粮农组织和北马其顿农业、林业和水资源经济部开展了一个为期两年的项目，重点是根据北马其顿的现状和需求设计一个先进的森林监测系统。

北马其顿利用高分辨率卫星图像，对土地利用和变化情况进行了遥感监测。另一个由粮农组织领导的项目"土地资源信息管理系统（LRIMS）"是一个数据管理和分析系统，它将各种功能和方法集成到一个处理环境中，提供一套信息管理和分析的工具。LRIMS 提供了对组织数据和元数据的访问服务，包含查询、分析和地图构建功能，允许用户进行标准化分析、监测和预测，通过模拟各种情景对土地的物理及社会经济状况进行评估，并对比不同方案的效益和限制条件。LRIMS 还推动开发了一个网络平台，以数字空间形式提供大量关于农业环境指标的内容及培训材料，并提供可以开放获取的蒸散、气候、产量适宜性预测等数字地图。这些内容都可以在网站上查看并下载，以供用户进行处理和分析。2015 年，在粮农组织及其下辖的全球土壤伙伴关系的支持下，北马其顿启动了土壤信息系统（MASIS）的开发工作。

图片来源：粮农组织。

2.12 俄罗斯

2.12.1 农业、劳动力、ICT 基础设施

近年来，俄罗斯农业增长显著，已成为俄罗斯出口部门的领导者和进口替代品的冠军部门，这是因为俄罗斯主要农业企业在实践中积极采用先进的数字技术。2017 年，俄罗斯农业吸纳了全国就业人数的 5.8%，农业增加值占 GDP 的 3‰～4‰（表 2-12）。根据 2016 年全俄农业普查，该国有 36 100 个农业组织（包括 7 600 个大型、24 300 个小型、4 200 个支持型农业企业和非农业组织）以及 174 800 个农户和个体经营者。俄罗斯目前拥有地块的个人和家庭约为 2 350 万个，其中 1 510 万个来自农村地区；俄罗斯还拥有 75 900 个非营利性公民协会。

表 2-12　俄罗斯基本农业指标

指标	2008 年	2018 年	差值	差值占比
人口	143 248 764	145 734 038	2 485 274	1.73
农业增加值（占 GDP 的百分比）	3.75	3.15	−0.60	−16.00
农业用地（占土地面积的百分比）	13.16	13.29（2016 年）	0.13	0.99
农村人口（占总人口的百分比）	26.40	25.57	−0.83	−3.14
农业就业人数（占总就业人数的百分比）	8.53	5.84	−2.69	−31.54
农业女性就业人数（占女性就业人数的百分比）	6.60	3.99	−2.61	−39.55

资料来源：世界银行 WDI 数据库。

　　尽管国土面积很大，但由于俄罗斯运营商提供了创新性技术和服务，因此俄罗斯电信市场充满活力，大多数用户能以相对低廉的价格获得电信服务。俄罗斯第一个码分多路访问 2000 网络（Code Division Multiple Access 2000）出现在 2002 年，2005 年俄罗斯实现了演进数据优化，2007 年实现了 3G/UMTS 服务，2011 年开始提供 LTE 商业服务。俄罗斯第一个 UMTS‑900 网络于2012 年推出。2018 年初，俄罗斯大约三分之一的移动基站提供 LTE 服务。俄罗斯运营商 MTS 和爱立信已同意合作共同推进 5G 发展。2017 年，国家无线电频率委员会通过了一系列为建立 5G 网络测试区分配频带的决议。2018 年，俄罗斯国有企业 Rostelecom 与 MegaFon 公司合作，计划就 5G 网络无线电系统与其他无线电系统的兼容性问题开展研究和现场测试。俄罗斯 3G 无线宽带网络的人口覆盖率为 78%，LTE 为 70%，每 100 名居民中移动宽带订阅人数为 87.28。81% 的俄罗斯人口使用互联网，超过四分之三的家庭可以在家上网（图 2‑12）。根据世界经济论坛高管意见调查，活跃人群的数字技能水平为4.83（满分 7 分）。根据 Rosstat 2017 年报告，63% 的大型农业企业、42% 的小型农场和 16% 的个体农场都接入了互联网。俄罗斯在全球竞争力指数指标"政府的未来方向"中排名第 54 位（在 7 分制中得分为 3.87）。

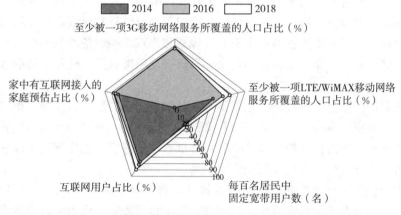

图 2‑12　俄罗斯信息和通信技术获取和使用基本指标
资料来源：国际电信联盟 WTI 数据库。

2.12.2　战略、政策、立法

　　在信息和通信技术领域，俄罗斯于 2018 年提出了数字农业科技发展概念，其中包含国家数字农业战略愿景。以下国家战略和政策对数字农业问题进行了讨论：
- 2018 年，总统令，关于俄罗斯国家发展目标和战略目标（至 2024 年）；
- 2016 年，总统令，关于俄罗斯科学和技术发展战略；

- 2016 年，总统令，关于实施国家农业科技发展政策；
- 2018 年，国家规划，关于俄罗斯数字经济建设；
- 2018 年，法令，关于俄罗斯优先实施数字经济方案的预算拨款；
- 2017 年，政府令，关于批准联邦农业科学技术发展规划（2017—2025）的决议；
- 2018 年，政府条例，俄罗斯创新发展战略（至 2020 年）；
- 2018 年，政府批准的俄罗斯政府科技发展预测（至 2030 年）；
- 2017 年，农业部条例，关于批准俄罗斯农工综合体科技发展的预测（至 2030 年）；
- 关于制定和实施综合科学技术规划和完整项目创新周期的政府令，以确定俄罗斯科学技术发展的优先事项。

2018 年 5 月的总统令强调，农业的数字化转型是实现出口增长目标的首要途径。

2.12.3 服务、应用程序、知识共享

数字技术已经在俄罗斯农业中推广，但主要集中在大型农业企业层面。这些大型企业拥有大量的土地和牲畜，依托雄厚的资金支持和技术手段，可以有效地使用卫星设备、对投入品的可变速率应用进行调节和获取跨区域的天气信息。农户也可以利用先进的数字服务，规划和跟踪农业设备的使用，为他们的产品找到买家和卖家，远程检测害虫和疾病（使用来自无人机和卫星的数字图像），并部署快速应对措施。

俄罗斯的国家土壤数据库正处于试运行阶段，它与欧盟、美国、粮农组织和世界土壤资源参考基地（World Reference Base for Soil Resources）的相应数据库兼容。目前俄罗斯也有几个区块链试点，这些应用程序有利于改善肉制品的可追溯性，简化支付及其他金融交易。

由于俄罗斯农业数字化转型步伐较慢，数字农业项目的开发工作于 2018 年开始，目前尚未全面完成。一旦完成，该项目将提交给俄罗斯政府批准，其目标包括到 2024 年将农产品出口从 2018 年的 200 亿美元增加到 450 亿美元。该项目旨在动员数字农业中的所有关键参与者，通过固定和移动宽带服务加快行业数字化转型；加强对数据的收集、存储、管理和分析；打造数字平台；启动创新融资机制；利用人工智能和物联网技术等前沿技术。为构建数字农业生态系统，该项目动员的参与者包括政府和私营部门、非政府组织以及学术和科学界从业人员，特别是农业部、蒂米里亚泽夫农业大学（Timiriazev Agrarian University）、高等经济学院、俄罗斯联邦储蓄银行（俄罗斯最大的公共银行和数字转型领导者）、斯科尔科沃基金会（Skolkovo Foundation）、Rostech

（一家俄罗斯领先的科技公司）、移动电信系统公司（Mobile Telesystems）、Rosselmash 等农业设备生产商、农业生产工会、物联网和互联网协会，以及坦波夫、加里宁格勒、莫斯科、斯塔夫罗波尔和别尔哥罗德地区、鞑靼斯坦共和国的地区政府管理部门及相关部委。数字农业能力中心成立于 2018 年 6 月。数字农业项目预计将为俄罗斯的智慧农业战略奠定基础，为 FoodNet 倡议作出贡献，并被统一纳入俄罗斯数字经济计划中。

目前，俄罗斯数字农业项目正在引入几个新的平台。"知识之地"平台除了提供教育和作物监测服务外，还提供农业数据库服务。它被称为"第 55 所农业大学"，是俄罗斯的数字农业教育平台，为用户提供许多专业数字项目和课程。预计在 2019—2021 年，俄罗斯农业公司将有 55 000 多名专家接受该项目的培训。"Teleagronom"服务将监测、建模和诊断作物疾病。"高效公顷"是一个农业地块信息数据库，可用于评估农业地块的状况和潜力，并为土地使用提供数字技术。"农产品跟踪系统"汇总了有关农产品生产和运输的相关数据。"俄罗斯绿色品牌"是一个通过无纸化办公方式，全面控制有机农产品生产、储存、运输和营销的系统。

2.13　塞尔维亚

2.13.1　农业、劳动力、ICT 基础设施

农业在塞尔维亚经济中发挥着重要作用，农业 GDP 占比（6%～7%）、农业就业占比（17%～18%）及总出口等多项指标佐证了这一点（表 2-13）。但农业 GDP 占比和农业就业占比已从曾经的 11% 和 23% 下降，说明近年来农业在塞尔维亚国民经济中的重要性在降低。塞尔维亚于 2013 年开始与欧盟进行成员国资格谈判。

表 2-13　塞尔维亚基本农业指标

指标	2008 年	2018 年	差值	差值占比
人口	9 060 103	8 802 754	−257 349	−2.84
农业增加值（占 GDP 的百分比）	7.44	6.20	−1.24	−16.67
农业用地（占土地面积的百分比）	41.20	39.33（2016 年）	−1.87	−4.54
农村人口（占总人口的百分比）	45.45	43.91	−1.54	−3.39
农业就业人数（占总就业人数的百分比）	25.05	17.08	−7.97	−31.82
农业女性就业人数（占女性就业人数的百分比）	25.97	14.74	−11.23	−43.24

资料来源：世界银行 WDI 数据库。

　　根据欧盟年度国别报告，塞尔维亚需要有效改善电子通信设施，提高信息和通信技术部门的竞争力，并通过技术优化、培训和数字技能改造等手段提高传统行业创新能力。塞尔维亚固定通信市场于 2011 年 12 月 31 日开放，与欧洲平均水平相比，固定宽带普及率仍然较低。但与邻国相比，塞尔维亚蜂窝移动和移动宽带普及率（67.02%）相对较高，接近欧洲平均水平。LTE 于 2015 年 3 月推出，截至 2017 年底，三家移动运营商的 LTE 信号已覆盖了超过 85% 的塞尔维亚人口。高速移动互联网促使数据传输能力显著增加。塞尔维亚 73% 的人口使用互联网，近四分之三的家庭可以在家中上网（图 2-13）。根据世界经济论坛高管意见调查，活跃人群的数字技能水平为 4.16 分（满分 7 分）。塞尔维亚在全球竞争力指数指标"政府的未来方向"中排名第 81 位（在 7 分制中得分为 3.55）。

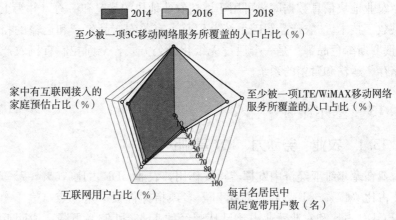

图 2-13　塞尔维亚信息和通信技术获取和使用基本指标
资料来源：国际电信联盟 WTI 数据库。

2.13.2　战略、政策、立法

　　在《国家农村发展规划（2018—2020）》中，塞尔维亚政府通过了一项为加入欧盟而实施的行动计划，其中包括建立综合管理和控制系统以及开发 LPIS 试点的详细时间表。塞尔维亚政府还拟订了执行 LPIS 和更广泛综合管理和控制系统的战略大纲。LPIS 试点项目第一阶段已经完成，LPIS 实施方法、LPIS 软件技术规范和土地覆盖技术规范已经完成。LPIS 试点项目的第二阶段将在不久后启动，LPIS 软件也将可以获得。2018 年 4 月，塞尔维亚通过了《国家空间数据基础设施法》。

　　塞尔维亚的《新智能专业化战略》与信息和通信技术及未来粮食密切相关。BioSense 研究所致力于微纳电子、通信、信号处理、遥感、大数据、机器人和生物系统等领域的研究工作，其目的是将可持续农业与信息和通信技术解决方案有效整合，为农业部门提供相应信息。

塞尔维亚共和国大地测量管理局设立了地理空间信息管理卓越中心，并建立了塞尔维亚大地测量门户网站（geosrbijar. rs）。该网站提供了包括土地覆盖、地球科学信息、生物群、内陆水域、边界和交通在内的许多数据库的访问路径。

2.13.3 服务、应用程序、知识共享

一项旨在探明塞尔维亚农业部门对先进技术采用率低的原因的调查显示，接受采访的农民中只有14%采用了智慧农业技术，81%的受访者表示设备成本是不采用智慧农业技术的最重要原因，而94%的受访者表示，如果得到补贴支持，他们将采用智慧农业技术。

"AgroSense"数字平台于2017年发布并允许公众使用。目前该平台已被公众广泛接受，许多大、中、小农户都进行注册使用。该平台帮助农民和农业企业监测作物生长状况并规划农业活动，为用户提供了免费的记录保存工具，允许用户基于遥感数据更好地做出决策，提高了用户使用信息技术的便利性。

Krivaja DOO 是塞尔维亚的一个数字示范农场，展示了用于精准农业管理的智能农具和设备。它关于农业新技术的介绍和实地展示吸引了许多农民。AgroNET 是由 DunavNET 设计的一套智慧农业解决方案。DunavNET 是一家为智慧农业、制造业和城市开发提供可互操作性物联网解决方案的技术运营商。

图片来源：Treinen S，粮农组织。

世界银行塞尔维亚竞争性农业项目的子组成部分 2.2 旨在开发一个农产品智能信息系统，该系统将对农产品生产端和市场端的产品需求进行空间跟踪，

汇集相关数据，从而在产品的可追溯性和连接性方面发挥重要作用，以此提高产品定位，促进农产品销售并提高农业整体竞争力。该系统也致力于完善塞尔维亚农业咨询服务，并与农场数字应用程序相连接，确保农场和服务商可以就动植物健康以及其他农业生产力和竞争力的潜在制约因素进行双向沟通。通过建立天气和气候信息模型，该项目计划构建灾害前期预警系统，帮助生产者更好地预防和适应不断变化的气候条件。

粮农组织与欧洲复兴开发银行在塞尔维亚开展合作研究，确定有前景的农业数字技术，重点是私营部门驱动的技术。该研究将开展大规模调查，深入研究农业信用评估数字化和农民决策支持系统等技术，以更好地了解其潜力和制约因素，这项研究将于2020年完成。

2.14 塔吉克斯坦

2.14.1 农业、劳动力、ICT基础设施

塔吉克斯坦是一个低收入国家，曾是苏联加盟共和国中最贫穷的国家。目前70%以上的塔吉克斯坦人口生活在农村地区，并以农业作为主要生计来源（表2-14）。塔吉克斯坦93%的国土面积是山区，因此增加农业产出的空间有限。农业对该国经济非常重要，贡献了约20%的GDP，农业就业人口占全国总人口的50%以上。目前，塔吉克斯坦面临的紧迫问题包括重建基础设施、改善经商环境和吸引外国投资。

表 2-14 塔吉克斯坦基本农业指标

指标	2008 年	2018 年	差值	差值占比
人口	7 209 930	9 100 835	1 890 905	26.23
农业增加值（占 GDP 的百分比）	19.87	21.22 (2017 年)	1.35	6.79
农业用地（占土地面积的百分比）	33.77	34.14 (2016 年)	0.37	1.10
农村人口（占总人口的百分比）	73.48	72.87	−0.61	−0.83
农业就业人数（占总就业人数的百分比）	53.58	51.06	−2.52	−4.70
农业女性就业人数（占女性就业人数的百分比）	71.37	68.97	−2.40	−3.87

资料来源：世界银行 WDI 数据库。

虽然塔吉克斯坦的移动宽带服务覆盖率高于独联体区域的平均水平（3G覆盖率为90%，LTE覆盖率为80%），但普及率较低（仅为22.83%），可能

是因为塔吉克斯坦移动和固定通信服务的价格较高，已成为附近地区该服务最昂贵的国家之一。目前共有五家电信运营商进入了塔吉克斯坦的蜂窝移动市场。第一个3G-UMTS网络于2005年推出，以WiMAX为基础的服务于2007年推出，LTE于2012年推出且处于快速发展过程中，但城市和农村地区间的电话网络可达性仍存在显著差异。移动宽带普及率低的另一个原因是互联网用户数量少，只有22％的人口使用互联网，约十分之一的家庭可以在家上网（图2-14）。根据世界经济论坛高管意见调查，活跃人群的数字技能水平比较高；被调查者的平均评分为4.46分（满分7分），这意味着互联网使用者对数字技术有一定的了解。2018年，塔吉克斯坦在全球竞争力指数指标"政府的未来方向"中排名第27位（在7分制中得分为4.46）。

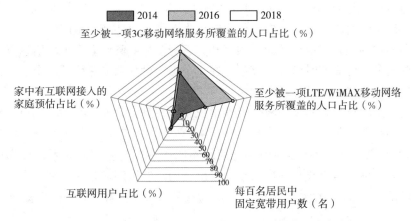

图2-14　塔吉克斯坦信息和通信技术获取和使用基本指标

资料来源：国际电信联盟WTI数据库。

2.14.2　战略、政策、立法

2003年11月，塔吉克斯坦政府通过了促进信息和通信技术发展的战略，并由此实施了一系列国家方案。根据2004年颁布的《塔吉克斯坦发展和实施信息和通信技术方案》，政府向公共机构提供计算机，并开展了局域网建设。2011年的"电子政务概念"项目促进了信息和通信技术在国民经济中的使用。2014年，塔吉克斯坦总统批准了《信息和通信技术委员会条例》，该条例引导和协调了信息和通信技术的发展和普及、国家信息政策的实施以及电子政务的发展。2016年，塔吉克斯坦政府决定建立一个国际电话和互联网控制中心。目前旨在推动塔吉克斯坦国家数字农业战略的主要文件是《塔吉克斯坦国家发展战略（至2030年）》（2016年批准，该战略包含农业、渔业和林业等内容）和《塔吉克斯坦数字经济概念》（2019年12月通过）。

上述文件与数字农业发展密切相关，因为它们包含某些发展数字农业的一般性措施或政策目标（如"克服不同地区，特别是农村和偏远地区间的数字鸿沟"）。作为支持塔吉克斯坦实施《土地改革计划（2012—2020）》的一部分，粮农组织与欧盟资助项目合作，向塔吉克斯坦农业部提供了价值500万欧元的援助，用于加强数字农业的机构建设和能力改善，帮助农业部在政策制定、财政与政策分析、疾病监测与数据管理等相关领域获得更多知识和技术支持。

2.14.3 服务、应用程序、知识共享

亚洲开发银行区域技术援助项目"改善农业价值链的数字解决方案"于2019年12月获批。该项目旨在扩大数字技术在孟加拉国、巴基斯坦、塔吉克斯坦和越南的使用，提高其农业价值链中生产和销售环节的生产效率。它还旨在帮助利益相关者获取包括天气预报和灾害警报、灌溉计划、市场信息以及农业推广服务的可靠实时信息。该项目在每个国家设立求助热线呼叫中心，提供关于提高作物产量的最佳做法的信息。

另一个项目是"实现农村包容性增长和经济韧性"（TRIGGER II），旨在加强中小企业（包括小农）、青年及女性企业家的经济韧性。该项目为期三年（2019—2021年），旨在加强塔吉克斯坦不同市场参与者间的联系，提高产品和服务附加值。数字化是该项目致力于解决的跨领域问题之一，其重点为包容性价值链发展的四个主要领域，例如通过数字应用程序为小农户提供市场信息。

世界银行在塔吉克斯坦还有关于农村经济发展、农业商业化等其他项目。塔吉克斯坦最重要的服务商之一是 Agroinfo. tj，其农业信息营销系统由公共组织 Neksigol Mushovir 开发，为农业从业者提供信息服务（例如，农民可以获得关于种子、天气和病虫害的数据，并可以彼此共享信息）。这些信息可以通过智能手机、门户网站、短信服务或月报等多种方式获得。

目前，欧盟和粮农组织正在支持该国的许多项目和倡议。作为由欧盟资助的加强农业部机构能力项目的一部分，计算机被移交给塔吉克斯坦农业部，并向地区农业部门分发了办公室设备，以便推动实地数据收集，改进农业专家分析报告。食品质量和安全控制系统的实验室设备已交给食品安全委员会。粮农组织和欧盟还支持采用统一的农业生产数据统计系统，这对农业规划和决策至关重要。2019年夏，在欧盟和粮农组织的支持下，塔吉克斯坦启动了一个农业气象网络试点项目，它由 Tursunzoda、Konibodom 和 Balkhi 地区的三个自动化农业气象站组成。该气象网络将引入收集和分析天气数据的新方法，能够提前向农民通报有关环境、植物病害和产量的相关信息。

2019 年 12 月，塔吉克斯坦农业部请求粮农组织在实施农业创新技术方面提供援助，包括农业数字化、技术战略制定和实施、数据库开发和农场地图。

2.15 土耳其

2.15.1 农业、劳动力、ICT 基础设施

从历史上看，农业一直是土耳其最大的就业部门，也是该国 GDP、出口和农村发展的主要贡献者。与工业和服务部门相比，农业的 GDP 占比一直在下降，但仍然发挥着重要作用，占土耳其国内生产总值的约 5.8%，并吸收了约四分之一的劳动力就业，成为农村地区的主要收入来源和就业部门（表 2-15）。土耳其于 2005 年开始与欧盟进行正式的成员国资格谈判。

表 2-15　土耳其基本农业指标

指标	2008 年	2018 年	差值	差值占比
人口	70 418 604	82 340 088	11 921 484	16.93
农业增加值（占 GDP 的百分比）	7.48	5.77	−1.71	−22.86
农业用地（占土地面积的百分比）	50.83	49.80（2016 年）	−1.03	−2.03
农村人口（占总人口的百分比）	30.35	24.86	−5.49	−18.09
农业就业人数（占总就业人数的百分比）	23.08	19.20	−3.88	−16.81
农业女性就业人数（占女性就业人数的百分比）	40.11	27.89	−12.22	−30.47

资料来源：世界银行 WDI 数据库。

土耳其电信市场规模较大，增长潜力可观，虽然其移动电话和固定电话的普及率低于欧洲平均水平，但正迅速增长。该国拥有一个持续增长的移动宽带市场，这主要是由愿意接受新技术的年轻人所推动的。3G 服务于 2009 年推出，此后迅速扩张，几乎覆盖了全部人口（98%）。LTE 服务于 2016 年推出，普及率（89.3%）和覆盖率（93%）也处于上升趋势。在土耳其 16~74 岁的人口中，75% 的人使用互联网，88% 的家庭可以在家中上网（图 2-15）。根据世界经济论坛高管意见调查，活跃人群的数字技能水平比较高；被调查者的平均评分为 3.38 分（满分 7 分）。土耳其在全球竞争力指数指标"政府的未来方向"中排名第 64 位（在 7 分制中得分为 3.82）。

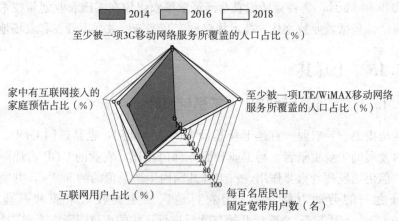

图2-15 土耳其信息和通信技术获取和使用基本指标

资料来源：国际电信联盟 WTI 数据库。

2.15.2 战略、政策、立法

土耳其农林部通过的《战略计划（2019—2023）》涉及信息技术系统发展的多个领域，包括利用软件、硬件和新服务提高机构能力，以及通过"电子政务之门（E-government Gate）"完善数字农业服务。在"发展信息系统和确保信息安全"的目标下，确定本部门的信息和通信技术发展战略。

根据该战略计划，土耳其开展相关研究工作以跟踪信息和通信技术前沿，采取有关措施确保信息安全和可靠性，确定执行政策与基本原则，并制定符合公共信息标准的解决方案。

农业技术最近在土耳其得到了更多关注。在农业改革总局的指导下，土耳其成立了农业技术和机械化部门，并已指定相关单位制定使用农业先进技术和机械的政策和策略。该部门与其他公共和私营部门以及大学开展合作，对农业进行数字化改造，并对新技术进行测试，促进相关技术的传播和使用。

土耳其农林部启动关于更新农业技术和机械化工具的试验和检验的立法研究。农林部计划通过立法成立国家农业机械和技术委员会，将所有利益相关者聚集在一起，并每年召开一次会议。

2.15.3 服务、应用程序、知识共享

土耳其农林部通过"电子政务之门"提供了农民登记系统、农地地块信息服务、牲畜识别服务（通过耳牌号码查找牛）、土地合并服务等27项数字服务。截至2018年，农业会计数据网络已覆盖了土耳其全国81个省份，并已纳入农业生产登记体系。目前，欧盟支持的一个新项目"目标2020"计划将于

2020 年实施，该项目旨在提高农业会计数据网络的数据质量，并提升其分析农业政策的能力。

通过与学术界合作，公共和私营部门建立了智能精准农业平台，也称智慧农业平台。该平台网站定期更新有关土耳其数字农业的新闻和事件报道，并链接到有关智慧农业和精准农业的报告、科学出版物和博客。土耳其还引进了气象观测系统，该系统下辖的 1 867 个观测站可提供分钟数据。2018 年全年，土耳其气象观测系统共发布了农业气象预警 798 次，向 5.2 万名使用者发送了短信。

根据土耳其农林部发布的最新消息，综合管理和控制系统软件已经开发完毕，并在两个试点地区进行了实地测试。土耳其名为 TRIACS 的综合管理和控制系统，是结合欧盟成员国的相关知识和实践经验以及土耳其当地需求打造的基于网络的、在欧盟系统中独树一帜的多模块系统。该系统由土耳其农林部 1 万多名工作人员使用，预计将加强对支付给该国 200 多万农民的农业援助款项的管理和控制。在欧盟支持下，新的综合管理和控制系统的主要组成部分 LPIS 的开发已经基本完成。

"沃达丰农民俱乐部"作为一个网络套餐，向使用者提供关于特殊关税和农业的信息，帮助小农改善耕作方式，提高农业生产力和农民收入，并帮助农户更好地进入市场。沃达丰还与专门从事农业信息和通信技术的企业 Tabit（tabit.com.tr）合作，开发了将先进生产技术与传统耕作方法相结合的"智慧村庄项目"。沃达丰还与金融和农业部门合作，启动了"数字农业项目"，在一个地区率先安装了 10 个数字农业站，在此之后，沃达丰将在其他地区再安装 20 个数字农业站。农民可以使用这些站点远程监测其农田的土壤湿度和土壤质量，并收到有关天气和虫害风险的早期预警。

Tarfin（tarfin.com）作为一个数字平台，能够通过即时融资解决方案，帮助农民获得农业投入品。该系统使用交易数据和农场数据对农户申请进行评估。Doktar 是一家农业信息和通信技术公司，提供关于农艺建议、运营优化技术和市场洞察的数字产品和服务。它的目标是通过将机器学习算法和物候发展模型应用于多渠道数据，优化产量并最小化投入成本。Turkcell 开发的 Filiz 农业移动应用旨在提高农业生产率和节约农户的灌溉费用。Toros Ciftci（torosciftci.toros.com.tr）是一个移动应用程序，能够帮助农民根据气象数据和植物物候模型决定何时何地施肥。

在土耳其《第二期加入（欧盟）前援助文书》的支持下，智能技术设计、开发和原型搭建中心将作为新项目的一部分被建立起来，以提高科尼亚地区农业机械和设备制造商的研发能力，使其能够将常规产品转化为智能产品。

根据粮农组织最新的《土耳其国家规划框架（2016—2020）》，政府优先事项 3（加强公共和私营部门的机构能力）的一项重要计划是通过信息和通信技术强化农业推广服务。到 2020 年，将为相关利益方举办至少五次关于在农业中使用信息和通信技术工具及数字农业发展概念的农业推广培训课程。

土耳其农林部正在与粮农组织合作起草《国家数字农业战略》，该战略预计将于 2020 年成型。起草过程始于 2019 年 11 月在安卡拉举行的、由农业研究和政策总局组织的启动研讨会。农林部为此成立了专门项目小组，正在积极主动推进该战略的制定。

粮农组织与欧洲复兴开发银行开展合作研究，以识别有前景的农业数字技术，重点关注私营部门驱动的数字技术。该研究将深入分析数字农业信用评估和农民决策支持系统等技术，更好地了解其潜力和制约因素。这项研究将于 2020 年完成。

图片来源：Treinen S，粮农组织，蘑菇农场管理系统。

2.16　土库曼斯坦

2.16.1　农业、劳动力、ICT 基础设施

土库曼斯坦的粮食安全和 585 万人口中约一半人的经济生计直接依赖于灌溉农业（表 2-16）。农业占土库曼斯坦国内生产总值的 10%，吸纳了全国五分之一以上的人口就业。畜牧、小麦和棉花是国民经济的主要部门。

表 2-16　土库曼斯坦基本农业指标

指标	2008 年	2018 年	差值	差值占比
人口	4 935 767	5 850 901	915 134	18.54
农业增加值（占 GDP 的百分比）	10.72	9.30（2015 年）	−1.42	−13.25

（续）

指标	2008 年	2018 年	差值	差值占比
农业用地（占土地面积的百分比）	73.10	72.01（2016 年）	−1.09	−1.49
农村人口（占总人口的百分比）	52.13	48.41	−3.72	−7.14
农业就业人数（占总就业人数的百分比）	24.49	22.78	−1.71	−6.98
农业女性就业人数（占女性就业人数的百分比）	23.58	21.96	−1.62	−6.87

资料来源：世界银行 WDI 数据库。

目前，蜂窝移动市场正在土库曼斯坦迅速扩张。公共机构与互联网服务融合不断加深，互联网用户数量正在增加。3G 服务由 Altyn Asyr 于 2010 年推出（2017 年覆盖了 76％的人口），同一公司于 2013 年推出 LTE 服务（2017 年覆盖了 67％的人口）。移动服务的可获得性越来越高，但移动宽带普及率仅为 22.83％。2015 年，土库曼斯坦发射了第一颗通信卫星。土库曼斯坦大约 21％的人口使用互联网，十分之一的家庭（11.09％）可以在家中上网（图 2-16）。

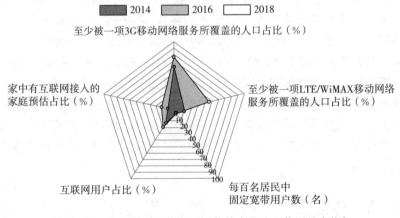

图 2-16　土库曼斯坦信息和通信技术获取和使用基本指标
资料来源：国际电信联盟 WTI 数据库。

2.16.2　战略、政策、立法

2018 年，在与联合国开发计划署的合作下，土库曼斯坦科学院制定了《数字土库曼斯坦国家方案》，其主要目标是推动信息和通信技术发展，提高该部门对国内生产总值的贡献，消除数字鸿沟。该计划分为三个阶段：2019 年、2020—2023 年与 2024—2025 年。第一阶段的工作重点集中于提供互联网服务，这是该阶段最重要的目标之一。总统批准了该方案，并规定各部委、各地区和城市行政部门、各相关机构、组织和公司以及私营企业家要确保该方案实施。国家方案的最终构想明确了土库曼斯坦数字经济发展的目标和方向，增加了信息和通信技术对国内生产总值的贡献，以及确定了通过数字技术改善国民经济的主要措施。土库曼斯坦最近颁布了关于网络安全的法律，并计划通过有关电子文件和电子文件管理系统的法律。

2.16.3　服务、应用程序、知识共享

土库曼斯坦正在对农业进行大量投资，主要用于对农业基础设施的综合现代化改造，并从世界主要农业设备生产商手中采购高产机械。同时，土库曼斯坦正在构建用以进行机械工程操作的数字系统，其包含了农业综合体的数字管理系统。在数字化领域，土库曼斯坦密切注意教育和科学技术，并注意完善信息和咨询服务。建立土地登记册是国家政策的高度优先事项，因为土地地籍系统包括土地类型、数量、质量、经济成本和区位等重要信息。通过由土地所有者开发的单一国家地理信息系统，能够实现土地基本信息的准确保存和记录。

2018年11月，土库曼斯坦政府和约翰迪尔（John Deere）国际有限公司在阿什哈巴德举行会议，双方签署了关于农业领域合作的谅解备忘录。根据谅解备忘录，土库曼斯坦农业和环境保护部将在2019—2022年期间分三阶段过渡到遥测数字系统（telemetric digital system），而土库曼斯坦在2013—2019年购买的高性能约翰迪尔和克拉斯农业机械将在未来几年里配备遥测技术设备，这将使操作员能够远程跟踪机器位置并测量其油耗、实际运行时间、负载和其他参数。土库曼斯坦还计划建立一个国家数据中心，用于存储和处理数据、提供主机服务器和网络设备，并将用户连接到互联网。目前土库曼斯坦正在开展相应工作，利用制造商的新设备使土库曼斯坦的卫星设备能够在农业中发挥更大作用。

2.17　乌克兰

2.17.1　农业、劳动力、ICT 基础设施

农业是乌克兰经济的主要部门之一，该国耕地面积占欧盟耕地总面积的近30%，拥有世界上约25%最肥沃的黑土地。目前，农业走在乌克兰经济发展的最前沿，占国内生产总值（名义）的10%～12%，吸纳了约15%的工作人口（表2-17）。2012—2018年，农产品和食品出口占比由20%上升到40%。乌克兰农业生产者主要以大型农场和农业控股公司为主，约有70家农业公司在全国25%的耕地上从事相对单一的农作物种植。除大型实体外，约有90万个小型农场或家庭农场为市场生产具有更高附加值的品种，并提供了大部分农

村地区的就业机会。由于非常有利的农业生产条件（适宜的气候和肥沃的土壤），乌克兰农业部门拥有改善和进一步发展的巨大潜力。

表 2-17　乌克兰基本农业指标

指标	2008 年	2018 年	差值	差值占比
人口	46 186 430	44 009 214	−2 177 216	−4.71
农业增加值（占 GDP 的百分比）	6.86	10.14	3.28	47.81
农业用地（占土地面积的百分比）	71.28	71.67 (2016 年)	0.39	0.55
农村人口（占总人口的百分比）	31.68	30.65	−1.03	−3.25
农业就业人数（占总就业人数的百分比）	20.38	15.33	−5.05	−24.78
农业女性就业人数（占女性就业人数的百分比）	19.66	12.97	−6.69	−34.03

资料来源：世界银行 WDI 数据库。

　　乌克兰在移动和固定宽带市场的发展，也具有巨大潜力。运营商渴望推出新服务并吸引新用户。2014 年，乌克兰国家通信和信息化监管委员会宣布了一项招标程序，以获取用于 UMTS 部署的频段。因此，在 2015 年，30 兆赫兹频段的频率被 Kyivstar、MTS/Vodafone 和 Astelit/Lifecell 购买。这推动了乌克兰移动宽带市场的发展。3G 覆盖率大幅增加，从 2014 年的 1.7% 增加到 2017 年的 90%，订阅数量也从 2014 年的 7.56% 增加到 2018 年的 45.23%。乌克兰 59% 的人口使用互联网，大约五分之三的家庭可以在家中上网（图 2-17）。根据世界经济论坛高管意见调查，活跃人群的数字技能水平为 4.43 分（满分 7 分）。乌克兰在全球竞争力指数指标"政府的未来方向"中排名第 115 位（在 7 分制中得分为 2.98）。

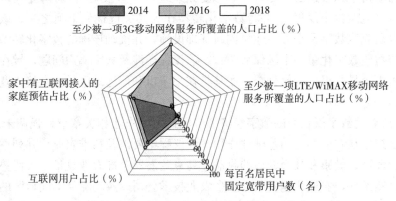

图 2-17　乌克兰信息和通信技术获取和使用基本指标
资料来源：国际电信联盟 WTI 数据库。

2.17.2　战略、政策、立法

2015 年底批准的《农业和农村发展战略（2020）》是乌克兰农业和农村政策的指导文件，它侧重于以下优先事项：土地改革、粮食安全、农业食品价值链发展、农村发展和乡村振兴。该战略还包括其他子战略和行动计划，例如：正在制定或等待批准的渔业战略和行动计划草案，林业战略，由世界银行、粮农组织以及地方政府和科学组织的专家组联合制定的灌溉和排水战略。总统选举后，乌克兰的政府架构一直在经历结构性变化。农业发展新战略是新政府的关键行动之一。目前该战略的制定工作已经开始，其中农业数字化转型将成为优先事项，并将在 2020 年上半年完成。

政府服务数字化及其对公民的可达性被乌克兰政府列为改革的优先事项。《公共行政改革战略（2016—2020）》于 2016 年 6 月通过，并于 2018 年修订。该战略及其行动计划规定了电子政务的若干具体方案，包括互操作性、数字服务单一门户和电子政府内部文件管理系统。为进一步加快电子政务部门的改革步伐，乌克兰通过《电子政务发展概念及其实施方案（至 2020 年）》，并设定了雄心勃勃的发展目标。2017 年，乌克兰通过了《乌克兰数字经济和社会发展概念及其实施方案（2018—2020）》。

2019 年 9 月，乌克兰政府成立了数字化转型部，负责制定和实施数字化领域的国家政策。新成立部门计划实现所有政务服务（包括农业政务服务）的网上获取。

2019 年，欧盟委员会还支持《欧洲睦邻文书（Europe Neighborhood Instrument）》下的电子政务、数字经济、农业和小农场发展。一项关于电子政务的研究表明，乌克兰政府的战略文件确定了非常雄心勃勃的目标，且在某些领域已取得了积极进展（尽管并非总是系统地取得进展）。目前乌克兰政府推出了《乌克兰数字议程》，并将数字化转型作为其关键优先事项之一。该议程的重点是克服数字不平等，建设创新基础设施，并推动该国的数字化转型，进一步与欧盟数字化单一市场保持一致。该议程还涉及数字鸿沟问题，旨在使数字技术更容易获得，确保公众，尤其是在小城市和偏远地区的公众接入宽带互联网。

《乌克兰数字议程》的数字经济部分涵盖数字农业相关章节，强调未来 50 年数字技术在农业部门的基础性作用。该议程主要涉及精准农业，并列举其在经济、环境、健康和社会领域的收益。乌克兰发展精准农业具备先天优势：有利的自然条件、农业快速发展、众多农业技术公司以及乌克兰不同地区的成功经验。《乌克兰数字议程》呼吁在生产、技术、教育和科学方面支持精准农业，培训合格的技术专家，并创造一个能够促进农业部门数字化的环境。此外，农业的数字化应被视为更广泛的农村数字化方案的一部分，以弥合数字鸿沟并促进农村地区的社会经济复兴。

乌克兰于 2016 年通过了《国家网络安全战略和行动计划》。

2.17.3 服务、应用程序、知识共享

完整且准确的地籍信息对农业土地市场的运行（如防止欺诈）具有重要作用，公共行政部门及农业农村发展政策文件都强调全国土地地籍管理。乌克兰经济贸易和农业发展部正计划将现有注册登记表（如农民登记、动物登记、土地地籍）合并为一个统一的国家信息系统。同时，乌克兰能源和环境保护部正在开发两个信息平台：木材跟踪系统和渔船监测系统，以确保能够有效打击非法采伐以及非法、未报告和无管制的捕捞活动。

乌克兰农业很少有机会获得农业推广和商业咨询服务（支持商业创造和业务拓宽的服务）。根据 2015 年的一项研究，该国多年来未能设计和建立可持续的农业推广计划，乌克兰农村也几乎没有农业推广服务，这进一步加剧了小农场的困境。这些小农场既没有得到关于发展和融入农业价值链的有效建议，也缺乏利用此类服务（如果它们存在）所需的资金和知识。

值得一提的是，在过去几年中，乌克兰对农业新技术表现出浓厚的兴趣。乌克兰大约有 70 家不同的农业科技初创企业，参与了数字化转型的各个环节：农场管理解决方案（硬件开发商）、精准农业解决方案（硬件开发商）、基于无人机和遥感的解决方案以及都市农业初创企业。包括商业加速器和风险投资公司在内的国内创业生态系统正在伴随乌克兰农业科技行业共同发展。最著名的例子是 AgroHub，这是一个有影响力的集体组织，它将行业的不同参与者聚集到一起以实现多方共赢。在过去 5 年，乌克兰农业科技公司中诞生了一些著名的初创公司，包括 eFarmer——精准农业初创企业、Agrieye——遥感用多光谱相机生产商、Drone.ua——农业无人机开发商（也获得了摩尔多瓦的资助）、KrayTechnologies——用于农作物喷洒的无人机开发商和BIOsens——移动食品质量测试实验室的开发商（2017 年 4 月在旧金山赢得了洲际创业之战）。此外，乌克兰大型农业控股公司与 Bitrek（遥测设备生产商）和 Craftscanner（自动化调整土壤耕作深度设备生产商）等数字农业公司合作，越来越多地参与专有或联合农业技术项目。此外，乌克兰农业科技协会也在促进信息技术在农业中的应用方面发挥了重要作用。

粮农组织正与欧洲复兴开发银行合作，开展一项针对谷物和油籽生产的数字技术案例研究，研究重点是采用特定的精准农业工具和机械提高生产率，该研究预计在 2020 年春季完成。

2.18　乌兹别克斯坦

2.18.1　农业、劳动力、ICT 基础设施

乌兹别克斯坦总面积为 4 480 万公顷，耕地面积约 450 万公顷，其中 400 万公顷处于可灌溉状态。农业在乌兹别克斯坦经济中发挥着重要作用：它吸纳了该国就业人口的 33%。农业 GDP 的年增长率为 1.7%，占国内生产总值的约 28%（表 2-18）。乌兹别克斯坦近年来经济表现良好，经济增长主要由国家主导的天然气、黄金和棉花投资及相关出口所推动。乌兹别克斯坦对农业部门进行了有效改革，保障了私营商业农场的发展（面积通常为 20～100 公顷），避免了其他独联体国家发生的土地细碎化问题。

表 2-18　乌兹别克斯坦基本农业指标

指标	2008 年	2018 年	差值	差值占比
人口	27 626 982	32 476 244	4 849 262	17.55
农业增加值（占 GDP 的百分比）	19.69	28.79	9.10	46.22
农业用地（占土地面积的百分比）	62.62	62.93（2016 年）	0.31	0.50
农村人口（占总人口的百分比）	50.01	49.52	−0.49	−0.98
农业就业人数（占总就业人数的百分比）	35.41	33.36	−2.05	−5.79
农业女性就业人数（占女性就业人数的百分比）	39.19	37.38	−18.81	−4.62

资料来源：世界银行 WDI 数据库。

该国拥有中亚最具前景的移动宽带市场。LTE 部署及互联网资费变化是电信市场的主要增长因素之一。所有全球移动通信系统（GSM）运营商都部署了 LTE。2017 年上半年，乌兹别克斯坦政府在移动电信运营商之间重新分配了 900/1 800 兆赫兹无线电频段，有效促进了当地电信市场的竞争。根据国际电联最新数据，乌兹别克斯坦 LTE 覆盖率为 44%。为发展互联网宽带服务，2015 年该国铺设了超过 1 800 千米的光纤线路，无线宽带用户比例为62.36%。在乌兹别克斯坦，大约一半的人口（52%）使用互联网，约五分之四的家庭（79.9%）可以在家中上网（图 2-18），但家庭数据很可能由于没有使用国际电联的标准调查方法而存在偏差。

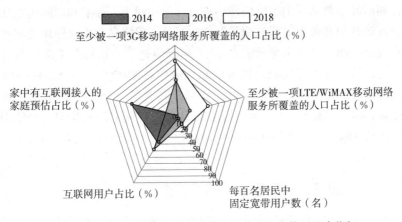

图 2-18   乌兹别克斯坦信息和通信技术获取和使用基本指标
资料来源：国际电信联盟 WTI 数据库。

2.18.2   战略、政策、立法

在乌兹别克斯坦，新颁布的农业政策旨在促进作物种植多样化和构建环境友好型生产系统，从而生产更符合市场准入标准的高质量产品。有机农业被认为是提高产品竞争力和增强出口潜力的可行途径。乌兹别克斯坦政府制定了作物生产多样化和集约化的长期战略，并于 2015 年通过了《农业改革和促进措施（2016—2020）》总统令。

乌兹别克斯坦《农业发展战略（2020—2030）》于 2019 年 10 月获得批准。该战略确定了农业发展的 9 个战略优先事项，其中包括构建农业科学、教育、信息和咨询服务系统（由于该国没有国家推广服务，这一举措具有重要价值）和行业统计系统。2016 年就职的乌兹别克斯坦政府于 2017 年通过了《整体五项领域发展战略（2017—2021）》。该战略将 5 个优先领域确定为所有政府机构及其执行人员的首要任务：

- 完善国家和公共建设体系；
- 确保法治和推动司法改革；
- 实现经济发展和自由化；
- 推动社会领域改革；
- 重视安全领域，实施民族平等，发展互利和建设性的外交政策。

《国家行动战略》旨在使乌兹别克斯坦到 2030 年达到中高等收入国家水平，保持社会稳定，实现经济结构转型。2018 年 10 月，乌兹别克斯坦政府通过内阁法令，批准了《国家可持续发展目标（至 2030 年）》。

从 1995 到 2010 年，乌兹别克斯坦实施了一系列信息和通信技术发展计

划，计划活动主要是对国家电信网络进行改造和建设。政府和国际组织在战略规划、资源调动和政策实施方面采取相应行动，促进乌兹别克斯坦数字经济发展。在战略层面，乌兹别克斯坦自 2012 年起通过了一系列有关信息和通信技术的总统决议。在方案层面，国家信息和通信技术委员会一直活跃在电子政务、区块链和人工智能等领域，其主要活动包括开发信息和通信技术基础设施、建立政府在线服务门户、创立国家区块链发展基金以及培训人们使用信息和通信技术设施。目前，乌兹别克斯坦还建立了一个开放数据门户网站（data. gov. uz/en）。

2.18.3 服务、应用程序、知识共享

2019 年，乌兹别克斯坦发布了一项将智慧农业和创新农业相结合的规划。乌兹别克斯坦农业部、OneSoil 和波士顿咨询集团率先签订了关于在乌兹别克斯坦农业中使用卫星数据的协议，该协议将在试点地区利用多光谱卫星图像识别田间作物基本情况。世界银行和联合国等国际机构也一直在支持乌兹别克斯坦的数字化转型。

作为数字中亚南亚项目的一部分，世界银行正试图通过鼓励私人投资信息与通信行业以及提高政府电子政务能力，使乌兹别克斯坦能够获得可负担的数字服务。世界银行支持的村庄项目（2019 年 11 月开始）也有助于提高包括互联网服务在内的基础设施质量。美国国际开发署（USAID）为那些拥有果园和葡萄园的乌兹别克斯坦农民开发了一个应用程序，主要满足农户对园艺价值链的信息需求。该应用程序名为"移动扩展增值应用程序"（Meva App）。美国国际开发署还在农业价值链（AVC）项目中引入了社交媒体和信息传递应用程序，增加并维持该应用的参与度。联合国开发计划署向塔什干的仁荷大学（Inha University）的一名年轻科学家提供了资金支持，支持其开发一个与气象站-信息素诱捕器结合的软件，该软件允许农场保存记录并向农户发送有关植物病虫害的短信警报。该软件的主要优点是可负担、准确（预测算法本土化）且提供乌兹别克语界面。

3 结 论

人们清楚地看到，信息和通信技术在欧洲和中亚发挥着日益重要的作用，已成为农业发展的引擎，各行业从业者对可靠和易获取信息的需求不断增长。数字农业的运行状况因国而异，在个别国家也因地区而异。信息和通信技术在农业中的应用催生了新一轮的创新浪潮，使数字农业战略成为各国寻找正确发展方向的重要手段之一。各国融入欧盟和欧亚经济联盟等区域组织的进程被认为有利于提高制度体系运行效率，并鼓舞许多政府以更大的热情和努力来制定国家数字农业战略。

对于正在加入欧盟的国家来说，系统性协调农业信息管理的主要动机是满足共同农业政策的要求。欧盟候选国已经在实施 IPARD 或类似 IPARD 的方案。这些方案与欧盟成员国的方案类似，它们都需要统一体制和实施框架，也应将该国现有的信息系统纳入考量。在这方面，最核心的系统是综合管理和控制系统，该系统整合了国家农业信息系统的主要功能组件，如 LPIS、农场登记册、牲畜登记和识别系统，以及由支付机构运营的补贴和补助金支付管理系统。同时，其他与欧盟共同农业政策有关的系统，如农场会计数据网、国家统计服务和市场价格信息系统，也正在开发中。

根据欧盟委员会年度国家进展报告，这些系统的准备情况各不相同，但目前正在推进。需要强调的是采用国家战略发展数字农业的必要性。所有这些正在进行的项目都应按照粮农组织和国际电联《数字农业战略指南》[①] 的原则，例如标准制定和互操作性、服务导向、能力发展和农民支持，在最高级别（国家层面）进行统一协调。被研究国家中，有一些国家对制定国家数字农业战略采取了系统的做法。

（1）在粮农组织欧洲及中亚区域办事处的支持下，阿尔巴尼亚从 2019 年开始为其国家数字农业战略愿景奠定基础，这一进程在 2020 年继续推进。

（2）2018 年下半年，由欧盟资助的粮农组织欧洲农业和农村发展邻里计划项目向亚美尼亚农业部提供了技术援助。通过与粮农组织的技术合作，亚美

[①] www.fao.org/in-action/e-agriculture-strategy-guide/en/

尼亚政府制定了国家数字农业战略愿景。此后，粮农组织在 2020 年继续支持其制定数字农业行动计划。

（3）2014 年，摩尔多瓦决定制定国家数字农业战略。此次审查没有发现后续行动的相关信息，但数字农业概念已写入摩尔多瓦的《国家农业和农村发展战略（2014—2020）》和《政府技术现代化战略规划》。

（4）在俄罗斯，主要利益相关者共同设立了数字农业项目，并于 2018 年提出了数字农业科技发展概念，其中包含了国家数字农业战略愿景。

（5）在粮农组织的技术援助下，土耳其农林部已开始制定国家数字农业战略。项目启动研讨会于 2019 年 11 月在安卡拉举行，主要利益相关者参加了研讨会。2020 年土耳其继续推进该战略的制定。

（6）吉尔吉斯斯坦政府出台了关于实施数字转型的路线图《数字吉尔吉斯斯坦（2019—2023）》，为农业部门信息和通信技术发展制定了实施政策。《农业部门发展计划》涉及信息和通信技术，且包括 2019—2022 年的行动计划。2020 年 2 月，吉尔吉斯斯坦正式接洽粮农组织，粮农组织为其制定国家数字农业战略草案提供技术支持。

（7）塔吉克斯坦和乌兹别克斯坦都在 2019 年请求粮农组织提供援助，以制定各自的国家数字农业战略。

根据粮农组织和国际电联共同制定的《数字农业战略指南》中确定的国家数字农业战略的 8 个组成部分，可以得出进一步的结论。

领导和治理（leadership and governance）：尽管农业部门对国家经济的重要性不断下降（图 3-1），但被研究的 18 个国家中的大多数都将农业发展列为高度优先事项。

数字化解决方案几乎专为促进生产、提高资源使用效率和推动经济增长而设计。数字农业不仅在信息社会和数字经济的结合中发展，而且在几乎所有国家都是当前和未来农业和农村政策的基本要素。大多数政府都清楚地了解数字农业意味着什么（尽管不同的政府强调了不同要素），以及它如何帮助本国实现农业发展目标。许多国家正在为执行数字农业发展任务设立新的组织单位，它们必须与现有的农业机构合作。制定战略的障碍之一是数字农业生态系统中的参与者之间缺乏合作，使得横向战略难以制定。在这一领域，只有几个"领导者"（人或机构）能系统地组织和协调农业领域的信息技术发展。由于农业部门

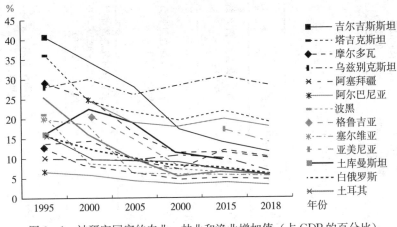

图 3-1　被研究国家的农业、林业和渔业增加值（占 GDP 的百分比）
资料来源：世界银行 WDI 数据库。

的复杂性，需要同时考虑多种类型的参与者、部门、法规及生物因素等，在农业部门启动和实施数字战略要比在其他一些部门更困难。另一种风险是低估了复杂性，在缺乏具有经验的信息和通信技术专家的情况下，往往会出现这一问题。

　　战略和投资（strategy and investment）：过去几年被研究国家制定的几乎所有信息社会战略和数字议程都包含了数字农业的一些要素，许多战略和议程都为数字农业发展制定了具体计划（以各种形式，例如国家数字农业系统、倡议或行动计划、一般行动计划中的专门章节、单独的农业行动计划）。表 3-1 总结了该领域最重要的文件和举措。在许多情况下，战略中所规定的雄心勃勃的目标能否实现，特别是能否在规定的期限内实现，是值得怀疑的（在某些情况下执行计划已经通过，但目标仅部分实现）。战略的实施产生了不一样的结果，战略的存在并不能保证实施的成功。虽然战略本身并不能解决挑战，但它可以创造一个找到解决方案的环境。国家数字农业战略的实施并不能保证成功，但如果没有它，整个部门的效率和绩效可能会大大降低。具体措施的实施有国家专项资金资助，但私营部门也扮演了重要角色，特别是在将精准农业作为可行选择的国家。同时，国际捐助组织几乎支持了每个被研究国家，为其开发信息和通信技术相关服务（主要针对小农和家庭农场）提供了支持，这是私营部门无法单独完成的。

表 3 - 1 18 个国家的数字经济和数字农业相关政策文件

国家	政府关于数字经济的倡议（声明）	数字经济愿景（草案、概念等）	数字经济战略（计划、项目等）	政府关于数字农业的倡议（声明）	数字农业愿景（草案、概念等）	数字农业战略（计划、项目等）
阿尔巴尼亚			• 阿尔巴尼亚数字议程(2015—2020) • 数字议程战略经济改革计划(2019—2021) • 国家宽带计划		正在进行中	
亚美尼亚				亚美尼亚可持续农业发展战略(愿景2029)	正在进行中	
阿塞拜疆	阿塞拜疆(2020): 展望未来	关于数字经济发展的第8号总统令(2017)	阿塞拜疆信息和通信技术发展国家战略(2003—2012)	农业生产和加工战略路线图(2016)		数字农业信息系统(EKTIS)
白俄罗斯			• 白俄罗斯信息化战略(2016—2020) • 数字经济和信息社会发展国家方案(2016—2020)	• 数字经济和信息社会发展国家方案(2016—2020) • 白俄罗斯农业企业发展国家方案(2016—2020)		国家农业综合发展计划的一部分
波黑			波黑信息社会发展政策(2017—2021)			波黑农村发展战略计划(2018—2021)(措施6.3.1和6.9)
格鲁吉亚			国家宽带基础设施发展方案	• 格鲁吉亚农业发展战略(2015—2020) • 格鲁吉亚农村发展战略(2017—2020) • 农业和农村发展战略(2021—2027)		市场信息电子系统、数据仓库

（续）

国家	政府关于数字经济的倡议（声明）	数字经济愿景（草案、概念等）	数字经济战略（计划、项目等）	政府关于数字农业的倡议（声明）	数字农业愿景（草案、概念等）	数字农业战略（计划、项目等）
哈萨克斯坦			"数字哈萨克斯坦"计划	哈萨克斯坦农业及工业综合体发展国家方案（2017—2021）	国家数字农业愿景	数字农业计划（E-AITK）
吉尔吉斯斯坦		愿景团队已成立	• 数字吉尔吉斯斯坦（2019—2023） • 数字转型概念"数字吉尔吉斯斯坦（2019—2023）"实施路线图			• 农业部门信息和通信技术发展计划及其行动方案（2019—2022） • 正在制定国家数字农业战略
摩尔多瓦			• 数字经济国家战略"数字摩尔多瓦（2020）" • 信息技术产业创新生态系统的发展战略（2018—2023） • 宽带发展计划（2018—2020）			• 2013年数字农业战略方案 • 数字农业的概念已写入《国家农村发展战略（2014—2020）》和《政府技术现代化战略规划（电子转型）》

（续）

国家	政府关于数字经济的倡议（声明）	数字经济愿景（草案、概念等）	数字经济战略（计划、项目等）	政府关于数字农业的倡议（声明）	数字农业愿景（草案、概念等）	数字农业战略（计划、项目等）
黑山			黑山信息社会发展战略（2017—2020）和行动计划（2018—2020）			• 智能专业化战略 S3.me • 卓越中心计划 • 农业信息与通信技术是数字转型旗舰倡议的关注领域
北马其顿			• 开放数据战略与行动计划（2018—2020） • 根据2018年制定的路线图，起草了一项长期国家信息和通信技术战略 • 公共行政改革战略（2018—2022）及其行动计划			
俄罗斯	设立国家项目		• 国家项目 • 2018年，国家规划，关于俄罗斯数字经济	部长级项目（农业部）	数字农业的科技发展	由学者和决策者提出，尚未通过
塞尔维亚			国家农村发展规划（2018—2020）			《智能专业化战略》与信息和通信技术及未来粮食密切相关

（续）

国家	政府关于数字经济的倡议(声明)	数字经济愿景（草案、概念等）	数字经济战略（计划、项目等）	政府关于数字农业的倡议(声明)	数字农业愿景（草案、概念等）	数字农业战略（计划、项目等）
塔吉克斯坦		塔吉克斯坦数字经济概念	塔吉克斯坦国家发展战略（至2030年）			
土耳其			数字土耳其路线图	正在进行中，农林部通过的《战略计划（2019—2023）》涉及信息技术统发展的多个领域	正在进行中	
土库曼斯坦		草稿版本、未发布	数字土库曼斯坦国家方案			
乌克兰		数字经济愿景	乌克兰数字经济议程（含数字农业部分）	农业发展的新战略正在进行中，预计将涵盖农业数字化		《乌克兰数字议程》的数字经济部分涵盖数字农业相关章节
乌兹别克斯坦	·政府声明 ·农业改革和促进措施（2016—2020）总统令					

服务和应用程序（services and applications）：服务和应用程序发展最重要的趋势之一是政府对企业的服务（G2B）。这些服务是根据公共行政组织和私营企业之间的关系设立的、与农业政策实施相关的具有控制功能的系统。此外，与精准农业相关的服务和应用程序在经济规模较大国家的公共和私营部门中发挥着关键作用。各种各样的移动应用程序也已经开发出来，智能手机成为该区域农民上网的主要手段。以在线公共服务为例，为获取区域一级的可用指标，18个国家被分为3个主要区域组，其值用于计算区域平均值，如图3-2所示。使用联合国电子政务发展指数（及其主要组成部分之一——反映各国电子政务发展水平差异的政府在线服务指数）可以看出，电子政务发展指数在第二组（亚美尼亚、阿塞拜疆、白俄罗斯、格鲁吉亚、俄罗斯、乌克兰）最高，第一组（阿尔巴尼亚、波黑、摩尔多瓦、北马其顿、黑山、塞尔维亚、土耳其）和第二组的政府在线服务指数都超过0.70，而第三组（哈萨克斯坦、吉尔吉斯斯坦、塔吉克斯坦、土库曼斯坦、乌兹别克斯坦）在这两项指标中得分都较低。在被研究的国家中，俄罗斯、白俄罗斯和哈萨克斯坦的电子政务发展指数得分最高。

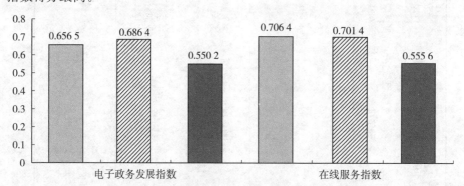

ALB（阿尔巴尼亚）、BIH（波黑）、MDA（摩尔多瓦）、MKD（北马其顿）、MNE（黑山）、SRB（塞尔维亚）、TUR（土耳其）

ARM（亚美尼亚）、AZE（阿塞拜疆）、BLR（白俄罗斯）、GEO（格鲁吉亚）、RUS（俄罗斯）、URK（乌克兰）

KAZ（哈萨克斯坦）、KGZ（吉尔吉斯斯坦）、TJK（塔吉克斯坦）、TKM（土库曼斯坦）、UZB（乌兹别克斯坦）

图3-2　3个区域国家组2018年的电子政务发展指数和在线服务指数

资料来源：联合国电子政务调查，2018年。

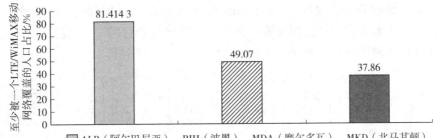

基础设施（infrastructure）：在被研究的大多数国家中，互联网用户的比例超过70%；然而，在一些国家，这一比例仅为20%左右。一方面，这些国家有线基础设施通常不发达；另一方面，无线宽带（3G和LTE）在大多数农村地区都可用。在一些国家，电子支付解决方案和引入ATM或移动支付解决方案也成为发展议程的一部分。作为重要的信息和通信技术指标，第一组国家的下一代/LTE移动网络覆盖率最高。这些国家80%以上的人口使用LTE/WiMAX网络，其他两组国家的这一比例低于50%（图3-3）。

图3-3　3个地区国家组2018年的LTE/WiMAX覆盖率

资料来源：国际电信联盟、世界电信/信息和通信技术指标数据库。

标准和互操作性（standards and interoperability）：在公共行政部门内部实现互操作性是许多国家的优先事项。互操作性还可以通过改善各类数据的可用性来进一步实现农业数字化。监测系统也至关重要，许多国家正在研发监测系统。与此同时，国家也必须制定合理的数据收集新标准。

领导和治理	战略和投资	服务和应用程序	基础设施	标准和互操作性	**内容、知识管理和共享**	立法、政策和合规性	劳动力和能力发展

内容、知识管理和共享（content，knowledge management and sharing）：一方面，由于数据库建设不断完善，被研究国家的农业信息内容和应用程序正不断增多；另一方面，知识管理和信息共享亟须发展，尤其是在小农之间。

领导和治理	战略和投资	服务和应用程序	基础设施	标准和互操作性	内容、知识管理和共享	**立法、政策和合规性**	劳动力和能力发展

立法、政策和合规性（legislation，policy and compliance）：由于数字化解决方案不断变化，且其在监管方面是一个"移动的目标"，因此立法往往落后于正在采取的各种行为和措施。

领导和治理	战略和投资	服务和应用程序	基础设施	标准和互操作性	内容、知识管理和共享	立法、政策和合规性	**劳动力和能力发展**

劳动力和能力发展（workforce and capacity development）：几乎没有国家采取措施提高农民的数字素养，关于农民数字技能水平的数据几乎不存在。在这方面，中介机构（将农民与数字技术联系起来）及其培训的作用也很重要。除了中亚（农业的经济重要性显然最高），大多数国家的人口已经在使用互联网，但非互联网用户在农村地区的比例仍然过高。

3.1 下一步的建议

以下建议适用于旨在推动数字农业发展战略的国家和相关支持组织。

（1）目前，国际电联和粮农组织等国际组织提供的指标，其主要目的不是衡量数字农业发展，但可用于衡量每个国家数字农业的准备程度。因此，必须完善相关指标，建立一个能够收集各项指标并将其嵌入现有体系的系统。由于许多国家正在设计或升级其农业数据的收集方法和管理系统，因此现在正是构建农业特定信息和通信技术指标的合适时机，包括按性别分列的数据和小农数据。

（2）在粮农组织和 WeAreNet 的支持下，小股东创新平台（SHIP）的参与者建议，应通过在线实践社区，包括现有的区域网络，如 ESCORENA 和 AGROWEB，以及数字农业实践社区等全球平台，开展协作和知识共享。这种方法将有助于在创新技术、建立互操作性标准和开放数据访问方面，传播概念模型、方法和良好实践，以便在农业中有效利用信息和通信技术。作为国家信息和通信技术战略以及农业战略的一部分，制定和实施国家数字农业战略应该更直接明了，而不是孤立地去做。查明在农业和信息部门中已经存在的、有些是孤立的相应措施是有用的。虽然这些措施不一定会在每个国家的全面数字农业战略中得到体现，但建议制定有关信息和通信系统协调和互操作性的横向规范，并将其作为职权范围、采购和服务合同要求中的一般条件，这是极为必要的。因此，应对现有战略进行研究，并将其转化为国家数字农业战略的组成部分，以期在各国政府、国际组织，特别是国际电联和粮农组织及利益相关方的协助下，实现数字化转型和可持续发展目标。此外，由于数字农业是一个广泛的概念，通常由几个部委和政府机构负责其不同方面，因此应与负责这一进程的其他政府组织建立战略伙伴关系，为数字农业发展指定一个协调实体（甚至是"领导者"），这一点至关重要。

（3）应从源头重视对数字农业战略的实施、监测和评估，因为其经常会在规划阶段（战略制定）结束以及随后的执行过程中失去方向。

（4）应从其他行业和地区吸取经验教训，例如被研究国家其他部门（如电子卫生系统）采用了行之有效的国家电子战略，或该区域以外的一些国家制定了实用的国家数字农业战略（如斯里兰卡、不丹、菲律宾以及欧盟的匈牙利和西班牙）。开发共同的政府架构或共同的数字平台是跨部门数字化的关键驱动力，它不仅可以应用于数字农业领域，而且在电子卫生、电子教育等领域也得到广泛使用。例如，尼日尔的智能村项目是一个共同数字平台的实例。它是由农业、卫生、教育与信息和通信技术等多个部委，电信监管机构，联合国机构（国际电联、粮农组织、世界卫生组织和联合国教科文组织等），以及当地电信运营商和初创企业共同开发的。仔细研究这些例子并从其经验中学习是值得的。国际电联和粮农组织的许多数字农业案例可以作为研究的起点。

（5）应为基于信息和通信技术的农业服务和项目建立区域数据库。当前和以往数字农业项目的成功与失败，既可以作为决策者制定数字农业战略的重要参考，也可以作为参与战略制定和实施过程的所有利益相关人的有益经验。通过国家和区域层面上与数字农业相关的项目和服务的统计数据库，决策者可以更好地实施数字农业战略。

（6）区域特征有助于我们获得不同的成功案例及其解读。在欧盟，政府更加重视通过补贴、立法、管理和支付体系（InVeKoS、LPIS、INLB 等）促进信息和通信技术的发展。而在其他国家，政府更加重视生产技术创新（如提高产量、风险管理）等手段的重要作用。因此，用提供问题和解决办法的案例研究来引导决策者是有价值的，这些典型问题和解决办法可以帮助决策者维护其政治利益和行业利益。

（7）农民应该是战略的核心。政府机构在与"最终用户"联系不密切的其他利益相关者开展合作时，不应该忘记这一点。各部门往往只关注自身的任务和责任，并期望从解决问题的工作中获得收益。因此，应规划和实施能使农民和政府（以及其他利益相关者）实现多赢的战略。应始终以人为中心，而不是以技术驱动。

（8）在战略执行层面，需要特别注意为小农户和家庭农场引入和推广数字技术，并在农业咨询服务机构的协助下，使用负责任的创新方法，尊重小农户的实践经验、传统、态度、心态，并考虑与之相关的农业生计问题。

4 资源清单

[1] 国家数字农业愿景；俄罗斯，2018。

[2] 信息社会发展国家战略"数字摩尔多瓦2020"摘要；摩尔多瓦政府，2013。

[3] 俄罗斯农业：走向数字化；https://www.maff.go.jp，2019。

[4] 土耳其农业气象警报；MGM-气象总局，2019。

[5] 农业网；DunavNet，2019。

[6] 阿尔巴尼亚报告（2019）；欧盟委员会，2019。

[7] 阿尔巴尼亚可持续发展目标自愿国家审查；2018。

[8] 西巴尔干国家的农业和农村发展政策分析；联合研究中心，2016。

[9] 分析报告；欧盟委员会，2019。

[10] ARDA开启了2019年国家计划申请的号召；ipard.gov.al，2019。

[11] 阿塞拜疆2020：展望未来；阿塞拜疆总统，2012。

[12] 阿塞拜疆：国家数字发展概览；亚洲开发银行，2019。

[13] 用于可持续农业领域信息和通信技术的BIO-ICT CE；欧盟委员会，2016。

[14] 农业和农村发展（第11章）；欧洲一体化理事会，2018。

[15] 作为农业信息系统主要子组成部分的LPIS的特点；萨拉热窝大学，2013。

[16] 摩尔多瓦气候智慧农业；世界银行，2016。

[17] 黑山经济改革方案委员会评估（2018—2020）；欧盟委员会，2018。

[18] 关于V4国家和世界银行伙伴国做法的综合报告；IVF AE WB ICT项目，2017。

[19] 关于粮食和农业政策趋势的国家概况介绍；粮农组织，2017。

[20] 关于粮食和农业政策趋势的国家概况介绍；粮农组织，2018。

[21] 国家战略机遇计划（2019—2024）；国际农业发展基金，2019。

[22] 阿尔巴尼亚跨领域战略数字议程（2015—2020）；欧盟委员会，2015。

[23] 乌克兰数字议程；乌克兰政府，2016。

［24］土库曼斯坦实施了数字农业管理系统；今日土库曼斯坦，2019。

［25］农业 4.0 背景下的数字农业实践；马尼萨·塞拉尔·巴亚尔大学，2017。

［26］哈萨克斯坦将建立数字农场；阿塞拜疆新闻，2018。

［27］北马其顿数字政府概况（2019）；欧盟委员会，2019。

［28］乌克兰数字政府概况（2019）；欧盟委员会，2019。

［29］改善农业价值链的数字解决方案；亚洲开发银行，2019。

［30］吉尔吉斯斯坦的数字化转型；国家信息技术中心，2019。

［31］白俄罗斯农业的数字化转型被列为高度优先事项；白俄罗斯国家通讯社，2019。

［32］阿尔巴尼亚数字农业战略愿景发展（2020）；粮农组织，2019。

［33］亚美尼亚数字农业战略愿景发展；粮农组织，2019。

［34］经济改革计划（2019—2021）；阿尔巴尼亚，2019。

［35］欧盟和联合国粮农组织向塔吉克斯坦农业部提供计算机设备；时代CA，2019。

［36］EU4 数字倡议；欧盟邻国，2019。

［37］欧盟成员国共同致力于欧洲农业和农村地区的数字化；欧盟，2019。

［38］关于欧吉关系的事实和数字；欧盟，2018。

［39］粮农组织协助摩尔多瓦促进农业食品推广，改进数据收集方法；粮农组织，2019。

［40］粮农组织国别规划框架；粮农组织，2019。

［41］Filiz；Turkcell，2019。

［42］联邦大地测量和财产法律事务管理局地理门户；波黑，2019。

［43］格鲁吉亚将在房地产登记中使用智能合约；Agenda.ge，2018。

［44］格鲁吉亚，高加索发展通往世界的门户（2019—2023）；亚洲开发银行，2019

［45］全球竞争力报告；世界经济论坛，2018。

［46］全球竞争力报告；世界经济论坛，2019。

［47］Hanehalkı Bilişim Teknoljileri（BT）Kullanım Araştırması；土耳其统计局，土耳其统计研究所，2019。

［48］土耳其的综合管理和控制系统；土耳其共和国农林部，2019。

［49］以信息和通信技术为中心的创新生态系统国家审查：摩尔多瓦；国际电联，2018。

［50］确定摩尔多瓦的智能专业领域；信息社会发展研究所，2019。

［51］家庭和个人使用信息和通信技术；阿尔巴尼亚统计研究所，2019。

［52］波黑 2030 年议程和可持续发展目标的执行情况；联合国，2019。

［53］智能精准农业平台；akillitarim. org，2019。

［54］IPA Ⅱ-塞尔维亚指示性战略文件；欧盟委员会，2014。

［55］IPA Ⅱ-波黑年度行动方案（2018）；欧盟委员会，2018。

［56］IPA2 阿尔巴尼亚指示性战略文件（2014—2020）于 2018 年 8 月 3 日通过修订版；欧盟委员会，2018。

［57］国际电联全球气候基金；欧盟委员会，2019。

［58］哈萨克斯坦的农业产业实现数字化；阿斯塔纳时报，2019。

［59］北马其顿共和国在推进数字议程方面取得的关键成就；2019。

［60］土地资源信息管理系统（LRIMS）；粮农组织，2019。

［61］衡量信息社会 2018 年报告（第 2 卷）；国际电联，2019。

［62］MIDAS2；欧盟委员会，2019。

［63］农业和自然保护部与 John Deere 签订合同；今日土库曼斯坦，2019。

［64］农业部启用农业支付处理软件；农业、水资源管理和林业部，2017。

［65］黑山报告（2019）；欧盟委员会，2019。

［66］黑山经济改革计划（2019—2021）；欧盟委员会，2018。

［67］黑山 FADN 试点；GAK，2016。

［68］开放政府国家行动计划（2019—2020）；摩尔多瓦共和国，2018。

［69］亚美尼亚国家数字农业战略环境与发展（顾问报告）；粮农组织，2019。

［70］国家数字农业战略项目；土耳其农林部，2019。

［71］北马其顿报告（2019）；欧盟委员会，2019。

［72］北马其顿准备好进行国家森林监测；粮农组织，2019。

［73］塞尔维亚精准农业的机会；BioSense/WUR，2018。

［74］Orange Moldova 农民数字解决方案；Orange Moldova，2016。

［75］乌兹别克斯坦的有机农业：现状、做法和前景；粮农组织，2019。

［76］土库曼斯坦议会制定电子文件管理系统法律；阿塞拜疆，2019。

［77］白俄罗斯农业数字化转型计划解释；白俄罗斯国家通讯社，2018。

［78］黑山 RI 路线图修订；科学部，2019。

［79］俄罗斯数字经济报告，2018 年 9 月，数字时代的竞争：对俄罗斯的政策影响；世界银行，2018。

［80］在土库曼斯坦农业和水资源管理中推广气候适应性做法；联合国开发计划署，绿色气候基金，2017。

［81］阿尔巴尼亚农业统计部门审查；欧盟委员会，2018。

［82］塞尔维亚 2019 年报告；欧盟委员会，2019。

［83］塞尔维亚竞争性农业项目（SCAP）；世界银行，2019。

［84］Serbias 智能专业化战略；欧盟科学中心，2019。

[85] Sikeresen zártuk Azerbajzsáni 项目；Vialto，2017。

[86] 动物识别和溯源系统；信息技术和网络安全局，2007。

[87] 世界银行伙伴国情况分析；IVF AE WB ICT 项目，2017。

[88] 黑山智慧专业化战略；科学部，2019。

[89] 智能技术设计、开发和原型中心；TED，2019。

[90] 哈萨克斯坦国家工农业综合体发展计划（2017—2021）；FAOLex 数据库，2017。

[91] 中欧、东欧和中亚数字农业的实施情况；粮农组织，2018。

[92] 农业和林业部战略计划（2019—2023）；农业和林业部，2019。

[93] 波黑农村发展战略计划（2018—2021）；对外贸易和经济关系，2018。

[94] 阿塞拜疆农业生产和加工战略路线图；经济改革与传播分析中心，2017。

[95] 农业和农村发展战略（2015—2020）；黑山政府，2015。

[96] 亚美尼亚共和国可持续农业发展战略概述（2029 年愿景）；亚美尼亚政府，2019。

[97] SWG 年度报告；SWG，2018。

[98] 塔吉克斯坦和粮农组织；粮农组织，2019。

[99] 格鲁吉亚农业推广国家战略草案（2018—2019）；欧盟，2018。

[100] 开放政府伙伴关系第四次阿尔巴尼亚开放政府国家行动计划（2018—2020）；opengovpartnership.org，2018。

[101] 塞尔维亚信息和通信技术的潜力：欧洲背景下的新兴产业；联合研究中心，2019。

[102] 土库曼斯坦总统制定了提高农业综合体效率的目标；时代 CA，2019。

[103] 北马其顿共和国加入欧盟前文书（IPA）农村发展计划（2014—2020）；IPARD PA MK，2015。

[104] 北马其顿农业状况；AgriTeach4.0 项目，2017。

[105] 塞尔维亚共和国加入欧洲联盟过程中的农业和农村发展战略；2015。

[106] 世界银行在格鲁吉亚的国家概况；世界银行，2019。

[107] Toros Ciftci；TED，2019。

[108] 实现农村包容性增长和经济韧性（TRIGGER II）情况介绍；德国国际合作机构（GIZ），2019。

[109] 土耳其报告（2018）；欧盟委员会，2018。

[110] 土耳其报告（2019）；欧盟委员会，2019。

[111] 土库曼斯坦批准数字经济发展理念；阿塞新闻，2018。

[112] 土库曼斯坦实现电信和农业数字化；Business.tm，2019。

[113] 土库曼斯坦经济正走向数字化；Strategeast，2019。

［114］职业技术教育和培训；联合国教科文组织，2019。

［115］乌兹别克斯坦职业技术教育和培训政策审查；联合国教科文组织，2019。

［116］乌克兰农业部门概览；国家投资委员会，2018。

［117］沃达丰数字农业项目；土耳其沃达丰，2019。

［118］沃达丰土耳其农民俱乐部；沃达丰，2015。

［119］阿尔巴尼亚可持续发展目标自愿国家审查；2018。

［120］世界银行农业和农村发展项目；世界银行，2016。

［121］白俄罗斯农业部门利用卫星导航系统实施信息和通信技术的情况：问题和前景；Igor L. Kovalёv，2017。

［122］数字经济和信息社会发展国家计划（2016—2020）；government. by，2016。

［123］吉尔吉斯斯坦萨纳里普报告（2019）；国家信息技术中心，2019。

［124］数字经济——白俄罗斯的机遇；M. M. Kovalev，G. G. Golovenchik，2018。

［125］支持发展农村商业信息系统；每日电子标讯，2019。

附录 1　粮农组织和国际电联关于数字农业的问卷

- 贵国是否有数字化战略？

  ○ 是　　　　　　○ 否　　　　　　○ 其他＿＿＿＿＿＿

  如果是，农业（含林业和渔业）是这一数字战略的一部分吗？

  ○ 是　　　　　　○ 否　　　　　　○ 其他＿＿＿＿＿＿

- 数字战略是否公开？如果是，您能否提供现有战略的副本？（链接或文档）
  请提供贵机构数字战略协调人的姓名和电子邮件。

- 贵国有农业、渔业和林业战略吗？

  ○ 是　　　　　　○ 否　　　　　　○ 其他＿＿＿＿＿＿

  如果是，数字农业是其中的一部分吗？

  ○ 是　　　　　　○ 否　　　　　　○ 其他＿＿＿＿＿＿

  它是公开的吗？

  ○ 是　　　　　　○ 否

- 您能提供一份现有战略的副本？（链接或文档）
  请提供贵机构农业战略协调人的姓名和电子邮件。

- 贵国是否有数字农业或数字农业战略？

  ○ 是　　　　　　○ 否　　　　　　○ 其他＿＿＿＿＿＿

  它是公开的吗？

  ○ 是　　　　　　○ 否

- 您能提供一份现有战略的副本吗？（链接或文档）

  如果贵国没有具体的数字农业战略，您是否计划制定一项战略？

  ○ 是　　　　　　○ 否　　　　　　○ 我们已经开始制定

附录 2 国家答复情况

国家	答复途径
阿尔巴尼亚	粮农组织和国际电联
亚美尼亚	粮农组织
阿塞拜疆	粮农组织
白俄罗斯	粮农组织
波黑	粮农组织和国际电联
格鲁吉亚	粮农组织
哈萨克斯坦	粮农组织
吉尔吉斯斯坦	粮农组织
摩尔多瓦	国际电联
黑山	国际电联
北马其顿	粮农组织和国际电联
俄罗斯	粮农组织
塞尔维亚	粮农组织和国际电联
塔吉克斯坦	粮农组织
土耳其	粮农组织和国际电联
土库曼斯坦	—
乌克兰	粮农组织和国际电联
乌兹别克斯坦	—

图书在版编目（CIP）数据

欧洲及中亚地区十八个国家的数字农业现状 / 联合国粮食及农业组织，国际电信联盟编著；韩潇等译 . —北京：中国农业出版社，2023.12

（FAO中文出版计划项目丛书）

ISBN 978-7-109-31554-9

Ⅰ.①欧…　Ⅱ.①联…②国…③韩…　Ⅲ.①数字技术－应用－农业技术－研究－欧洲、中亚　Ⅳ.①S126

中国国家版本馆 CIP 数据核字（2023）第 244677 号

著作权合同登记号：图字 01－2023－4224 号

欧洲及中亚地区十八个国家的数字农业现状
OUZHOU JI ZHONGYA DIQU SHIBAGE GUOJIA DE SHUZI NONGYE XIANZHUANG

中国农业出版社出版

地址：北京市朝阳区麦子店街 18 号楼

邮编：100125

责任编辑：郑　君　　文字编辑：陈思羽

版式设计：王　晨　　责任校对：张雯婷

印刷：北京通州皇家印刷厂

版次：2023 年 12 月第 1 版

印次：2023 年 12 月北京第 1 次印刷

发行：新华书店北京发行所

开本：700mm×1000mm　1/16

印张：6.25

字数：120 千字

定价：58.00 元